零内耗

打造一支彼此信任的高效团队

[美] 保罗·扎克（Paul J.Zak）/著

刘晓同 / 译

TRUST FACTOR

江苏凤凰文艺出版社
JIANGSU PHOENIX LITERATURE AND
ART PUBLISHING, LTD

图书在版编目（CIP）数据

零内耗 / (美) 保罗·扎克著 ; 刘晓同译. —— 南京:
江苏凤凰文艺出版社, 2020.5（2022.9重印）
书名原文: TRUST FACTOR
ISBN 978-7-5594-3759-4

Ⅰ.①零… Ⅱ.①保… ②刘… Ⅲ.①心理学－通俗
读物 Ⅳ.①B84-49

中国版本图书馆CIP数据核字(2019)第261522号

零内耗

[美] 保罗·扎克（Paul J. Zak）著　　刘晓同 译

责任编辑　李龙姣
装帧设计　红杉林文化
出版发行　江苏凤凰文艺出版社
　　　　　南京市中央路 165 号，邮编 : 210009
网　　址　http://www.jswenyi.com
印　　刷　唐山富达印务有限公司
开　　本　880 毫米 ×1230 毫米　1/32
印　　张　7
字　　数　174 千字
版　　次　2020 年 5 月第 1 版
印　　次　2022 年 9 月第 5 次印刷
书　　号　ISBN 978-7-5594-3759-4
定　　价　42.00 元

江苏凤凰文艺版图书凡印刷、装订错误，可向出版社调换，联系电话025-83280257

目 录 CONTENT

第三章

建立共同愿景，组织内部协调一致

第四章

打破部门壁垒，实现高产

第五章

简化组织流程设计，适当放权

第六章

信息公开透明，降低沟通成本

第七章
善待员工，公司才能做大做强

第八章
注重细节管理

第九章
领导者的自我修养和自我管理能力

第十章
高绩效的催化剂，是信任和目标

第十一章
信任的文化

停止内耗，强化企业"免疫力"

马尔克（Malke）是巴布亚新几内亚一个约1000人的偏远村庄。我将在这里进行组织文化实验，实验有史以来第一次在雨林中进行，只有3天时间。因此我一赶到便马不停蹄调试设备。我在实验室和一些美国公司进行的实验都表明，组织的信任文化可以提升员工的表现水平。现在我需要在一个与世隔绝的部落成员们身上进行实验，看看信任的作用是否放诸四海而皆准。在雨林中进行神经科学实验本来压力就很大，日本NHK电视台还将拍摄本次实验过程，更是令我顿感压力陡增。

不出所料，上天还是决定多给我一些考验。

马尔克没有电，也没有自来水，所以我只好自备所有补给：满满一手提箱的无菌针头、采血管、医用手套，还有一台小型离心机。尽管我带着政府签发的许可证，巴布亚新几内亚的海关人员看到这些设备时还是大吃了一惊。到了巴布亚新几内亚首都莫尔斯比港（Port Moresby），我还要取上给离心机供电的一台租来的发电机以及从日本运来的液氮。液氮用来冷冻采集到的血液样本，以便运回加利福尼亚的实验室后进行分析。

我先乘坐一架小型飞机到达西部高地省（Western Highlands），然后又搭乘一辆四驱车穿过勉强能通行的泥路才抵达马尔克。我卸下带来的装备，搭起一座小屋，然后就赶紧调试设备。带来的离心机发出了一股烧焦的臭味，检查后发现是稳压器出了毛病；别人告诉我可以坚持一个星期的液氮也早已蒸发殆尽。而我却深陷在了森林深处，可到达范围之内的所有市场上只能买到最基本的食物，并回收几乎一切东西。

幸好我手里还有加勒比电信（Digicel）的手机。这家总部位于牙买加的爱尔兰电信运营商不仅价格低廉，而且还能我让在澳大利亚海平面上空7000英尺的高度给日本的液氮供应商打电话。于是我在草地上坐下，寄希望于能联系上一家能给我长途送货的供货商。我当时心情焦虑，充满了挫败感。

就在此时，当地的村民们开始陆陆续续地在我身旁坐下。20分钟后，我周围已经坐了三四十人，此时我也将手机收了起来。孩子们过来牵起了我的手，脸上洋溢着笑容。我也冲他们做起了鬼脸，然后大家一起开怀大笑。马尔克村的酋长爱德华（Edward）也走了过来，把双手放在我的肩膀上，并用洋泾浜化的土著语"嗨哦（Hi-oh）"和我打起了招呼。我也回了他一句"嗨哦"。不到一个小时我就融入了当地的村民，受到了他们的热情接待。马尔克村的村民们邀请我到他们茅草屋顶的房子里面做客，又领我参观他们的外屋。在这些外屋里，当地人还沿袭着祖先留下来的宗教仪式。当我在他们的热情好客中舒展自己的身心时，那些烦恼也在不知不觉间散去了。

我后来在马尔克村收集到的数据确实意义重大，不过足以改变我一生的还是那段经历。由于语言的隔阂，我和当地人几乎没有办法交流，但我还是受到了他们的热烈欢迎。是什么让他们对我产生信任，又是什么让他们得到我的信任呢？

我们人类的"组织活动"或许可以追溯到100万年以前，那时我们的祖先们形成了部落，以捕获大型猎物和共同抚育后代。我们对组织的适应称得上近乎完美，但我们在营建高安全感、敬业度、生产率和创新性的文化时仍然倍感困难。简而言之，文化指的是社会群体传递实践信息的方式以及所遵守的价值观念。文化可以深深地影响人的行为，包括工作当中的行为。

人们营建文化，加入文化，还在改变文化，但大多是在无意识的状态下进行的。于是，为了了解组织文化对成员工作和生活表现的影响，我在 10 多年前就开始研究人们工作时的脑部活动。

我们在工作中对文化无感的原因之一是我们营建文化的过程全凭本能。正是由于我们在文化的形成中没有付出多少精力，所以很难注意到。人类学家对文化属性的测定是通过观察实现的，但我的研究小组所采取的是另外一种方法。作为神经科学家，我们想知道：基于对社会性大脑的认识，是否能营建可以促进高敬业度的文化。社会神经学领域的最新研究，包括我的实验室在内，为搞清楚为什么有些组织表现高效，而有些组织则表现糟糕提供了一个新的观点。我们把这种组织设计的方法称为神经管理学（neuro management）。本书讲的就是过去 10 多年间的有关实验与改进方法，其中包括商业领域的现场实验，也包括我为营利性企业、非营利性组织以及政府部门所做的咨询工作。

组织领导者一般对文化的衡量不太感兴趣，这背后的原因很多，但最主要的是人们往往将人的管理看作是一项艺术，而不是一门科学。那些曾将科学运用到管理当中的研究者们往往不得其所，将管理者降低到了越来越小的任务执行者层面。比如 20 世纪初的社会学家弗雷德里克·温斯洛·泰勒（Frederick Winslow Taylor），他就没有将组织看作成嵌入在某个文化中的群体。20 世纪后期的学者们虽然认识到企业的“文化即是我们每个人（Culture-is-us）”这一方面，却无法从人的社会性的神经系统学当中获得启示，因为后者直到 21 世纪才突飞猛进。他们要么信奉心理学领域的各种潮流：弗洛伊德（Freud）、荣格（Jung），或者是斯金纳（Skinner），要么追随经济与管理领域的各种趋势：六标准差（Six Sigma）、经济附加值法（Economic Value Added），或者是组织行为经济学（Behavioral Economics of Organizations）。在这些学者提出的方法中，雇员们所获得的不过是一些微不足道的奖赏，就像是丢给老鼠的面包屑。而雇员们对待这些奖赏自然不会感恩戴德。

如果雇员被当作是用来获取最大利益的人力资源，那么这样的工作场所就正如经济学家所说的那样：劳动具有负效用。或者说得更直白一点：上班真烦。

不过情况也有例外。世上还是有这样的企业或者组织，它们的雇员喜爱自己的工作，从个人角度和工作层面都感到满意，而且往往选择把自己的全部职业生涯奉献在这里。本书介绍的就是组织文化里的神经系统学，并举例说明在什么样的组织或企业里面工作能让人感到满足，甚至是快乐。在这些组织或企业里面，劳动的负效用大都几乎消失了。可以说，本书当中讨论的关于文化的实践方法不仅有着扎实的科学基础，更经过了组织或企业的实践检验。

我一开始并没打算成为一名文化专家。我负责一个25人的神经学实验室，本来是要成为一名经济学家或是神经学家的。我曾在神经经济学这一学科的建立过程中贡献了自己的绵薄之力，而神经经济学是研究人们在做出决定时的脑部活动。神经经济学不会简单地把人们的某种行为打上"非理性"的标签，而是分析行为背后的原因。更确切地说，我是一名工程师的儿子，我所设计的神经科学实验就是要像工程师一样解决真实的人们所面临的真实的问题。

我一直被人们称为经济学家里的"吸血鬼"，因为我在工作中经常采集受试者的血液样本，以分析他们在做决定时体内影响神经系统的化学物质的变化。我在巴布亚新几内亚做的这次实验亦是如此。我首次发现人的大脑在感到被信任时可以合成催产素这一影响神经系统的化学物质，并且催产素会让我们对别人给予的信任投桃报李，变得更加值得信任。催产素的功能远不止于此。正如我在2012年出版的《道德的分子》（The

Moral Molecule）一书中所言，催产素可以对人们的社会行为以及社会的组织方式产生非常深远的影响。我花了 10 多年的时间在健康人群以及精神和神经病患者身上进行试验，以研究催产素分泌的抑制和促进。不过，受关注度最高的大概还是我刚开始时关于信任的研究。

我曾在 2001 年发表的一篇研究中指出，经济学家们视信任文化为判断一个国家将繁荣昌盛，还是江河日下的一个强预测因子。相较于信任度低的国家，信任度高的国家有着更为活跃的社会互动，由此带来更多的社会交易，从而产生更高的社会财富。作为经济的润滑剂，信任可以降低经济活动中固有的摩擦。我所进行的研究确定的因素可以被政策制定者们施加影响，从而增进人际间的信任并且刺激经济增长。我关于催产素的研究可以表明人的大脑如何完成这一过程。

在试过几乎所有的社会科学理论，但都没能获得雇员始终如一的敬业度后，许多企业和组织的管理人员来我的实验室咨询有关信任的问题。他们相信，人际间的信任对他们的企业和组织非常重要，并认为我所从事的研究可以帮助他们构建高信任度的文化。在意识到这个问题的重要性后，我便将神经经济学的注意力放在了企业和组织上。

刚开始，我通过数学方法研究信任对交易的影响，然后又在研究中加入了试验显示的信任的神经化学信号——催产素。由此，我调查了神经科学家以及心理学家们在大脑对社会互动的反应中的研究发现。随后，我将所得结果放在一个文化模型当中，并将该模型的预测结果与企业的实际表现进行了对比。对比发现，在绩效良好的组织或企业中，不仅人际间的信任程度更好，而且员工的积极性也更高。从客观上看，这些组织或企业的文化带来了表现的提升。盖洛普咨询公司的报告显示，员工积极性高的公司比员工都急着下班的公司的盈利能力要高出 22%。

拉斯洛·博克（Laszlo Bock）是谷歌人力资源运营部的副总裁，他曾在书中指出："文化是谷歌一切工作的基础。"《韦氏词典》

（*Merriam-Webste*）2014 年公布的年度热词就是"文化"。2015 年，世界上最大的管理咨询公司埃森哲（Accenture）提出"优化组织结构以提高生产力"是组织或企业面临的一项重大挑战。一言以蔽之：文化很重要，且不是一般的重要。虽然大家都在讨论文化，但一项针对 500 多家公司的 20 万名雇员的调查发现，71% 的公司的文化属于中等或较差水平。

我的研究显示，并不是所有企业文化都能对组织或企业的绩效有着强力推动作用，只有信任的文化才能有此效果。美国人力资源管理协会（Society for Human Resource Management）在 2015 年进行的员工工作满意度和敬业度调查发现，"员工与高层管理人员之间的信任"在员工对工作满意度的影响因素中高居第二，仅次于"对所有员工的尊重"。谷歌的"亚里士多德项目（Project Aristotle）"在研究了 180 个团队之后发现，决定团队成功的最重要因素就是信任的文化。50% 的首席执行官都认为内部信任较低会威胁自己公司的发展。但大多数公司并没有在消弭内部的信任鸿沟上投入太多努力，因为他们不知道应该如何去做。

在本书当中，我将用商业案例来证明建立信任的文化对任何组织或企业成功的重要性。在本书最后一章，我将用翔实的数据来说明高信任度的组织或企业当中的员工生产率更高，工作劲头更足，为同一单位效力的时间也更久，还会把自己供职的单位推荐给家人和朋友，而且创造性明显更高。与信任度低的组织或企业相比，信任度高的组织或企业的员工之间的协作更为紧密，遭受的慢性疾病更少，而且更为健康快乐。我的研究中关于信任度高的组织或者企业的最有趣的发现是：他们的员工拿到的薪酬更高。在竞争性的劳工市场中，这种现象的唯一解释就是信任度高的公司具有更高的盈利能力。

我所采用的商业案例来自于曾与我共事过的公司，尤其是那些扭亏为盈的公司。这些公司的数据可以向各位读者展示，焕然一新的公司文化可以对员工管理和众多业绩相关指标产生多么正面的作用。这些公司的事例告诉我们如何系统性地对组织或企业的文化进行升级改造，从而让员工们更高效地共事。此外，本书中还有我对员工在工作时进行的神经科学实验所产生的数据，这些数据可以展示信任如何影响员工的脑活动和注意力，以及怎样激发员工的渴望，为实现组织或企业目标而做出更多努力。只要运用得当，信任的文化可以对人的行为起到非常强的杠杆作用。

本书中有许多喜闻乐见的内容，如果读者对于工作和生活的认识与我的发现相吻合，我将感到万分荣幸。如果你的公司还没做到富可敌国且高枕无忧，那么本书最后一章中的数据将向你展示，建立一种以人为本的高信任度文化，对于减少内耗、保持企业的竞争优势是绝对必要的。

信任可以深刻地改善组织或企业的业绩表现，因为它为有效的团队合作和员工内在精神激励提供了扎实的基础。信任可以让同事之间用最佳的方式达成各种目标，并紧紧地团结在组织或企业的目标周围。要做到信任，就要将一起共事的同事看作是完整而又独立的人，而不仅仅是人力资源。如果能做到这一点，那些信任度高的组织或企业中的员工不仅在工作中表现更好，还会对工作之外的生活产生满足感，成为更好的父母、丈夫或妻子，以及公民。信任还可以显著影响生活质量。加拿大经济学家赫利韦尔（John Helliwell）和同事发现，员工对组织或企业领导的信任度提高10%，对生活满意度的提升相当于工资提高36%。由此可见，建立一种信任的文化不仅有利可图，而且能与人为善。

这本书的意义远不仅于此。可以预见，人才的争夺战将愈演愈烈，想要获得并留住最好的员工需要花费更多的心思。所有发达国家人口的缓慢增长率意味着新增劳动力有限，而受过技术培训的员工将越来越难找。数据情况很不乐观。到2020年，德国的劳动力缺口预计将达240万，而法国、意大利和英国的劳动力缺口也都将达到100万。由于外来移民的因素，美国到2030年时仍将面临劳动力过剩，但现在美国已经开始面临工程师、计算机专家和数据科学家的短缺。就连中国和巴西到 2030 年也将面临劳动力短缺的问题。

企业的领导者们历来认为，人们怎么也得找份工作来挣工资，就算没有企业文化也会有"愿者"上门。现如今，越来越多的人选择非传统的就业方式，比如为易集（Etsy，手工艺品交易网站）制作手工艺品，在易趣（eBay）上转售物品，在爱彼迎（Airbnb）上出租自己的房屋，或者当优步（Uber）或来福车（Lyft）司机。通过 Upwork、Topcoder 和 Stack Overflow 等网站，人们可以在家当一名自由职业者。领英（LinkedIn）也让人们寻找传统工作以及猎头挖人更为便利。人才的争夺战已经非常残酷，往后尤甚。人力资源顾问们发现，文化是公司吸引和留住最优秀员工的一个关键。本书将会向各位读者展示，为什么信任的文化是一种吸引和留住最优人才的有效方法。尤其是"千禧一代"和"失落的一代"，他们希望能在自己信任并且尊重自己个性的公司工作。作为未来劳动力市场的主力军，他们的呼声不可小觑。美国医疗设备制造商美敦力公司（Medtronic）的前任董事长和首席执行官比尔·乔治（Bill Gorge）曾写道："在商业中，信任就是一切。"

相信读者不会再怀疑文化的重要性了。那么，怎样才能将文化建立起来呢？

在本书中，我将描述如何通过营造信任与责任感的环境来设计、监督以及管理一种高敬业度的文化。各位读者将认识到，要想构建高绩效的文化，信任是必不可少的，因为它关乎三个有利于：有利于员工、有利于利润增长、有利于团队建设。

一个组织或企业的绩效主要由"POP"这三个因素决定，即"人"（People）、"组织"（Organization）和"目标"（Purpose）。"人"就是要选出适合组织或企业的人。关于如何寻找合适人才的书到处可见，此处我就不再赘述，但本书中还是会提到选人用人的某些指标。简而言之，选择适合自己组织或者企业文化的人才非常重要。网络零售商美捷步（Zappos）的首席执行官谢家华（Tony Hsieh）曾表示自己公司的文化至关重要，所以不管多优秀的人才，只要不适合美捷步的文化就不会得到聘用，已经聘用的都有可能会被解雇。美捷步非常看重员工与公司文化的契合，因此当新员工入职两周后，不管其他人是否认为新员工已经适应了公司的文化，只要新员工自己认为不适应就可以选择离开，还可以领到一笔 2500 美元的"分手费"。本书后续还会用美捷步的事例来说明员工与企业文化契合度是多么重要。

本书相当大的篇幅都是关于如何建立可以提高员工敬业度的组织文化。就算公司选中了合适的人才，如果将他们置于不良乃至有害的公司文化当中，那么他们的表现肯定难遂人意。不良的文化甚至能导致企业的崩溃，例如安然（Enron）和世界通信（WorldCom）。很多公司有着非常好的企业文化，本书会详细介绍那些高敬业度公司的企业文化的方方面面。相信读者看完后就会知道需要做些什么，以及如何去做。

本书的结尾讨论的是"POP"关系中的"目标（Purpose）"。和许多实验室的研究结果一样，我所进行的神经科学实验显示，那些目标明确的团体内部有着牢固的联系，表现也更优秀。美国军人所体现的目标感就是再好不过的例子。高包容性和敬业度的文化可以激励并维持成员朝着目标前进。我在研究中也发现了目标当中最重要的内容以及如何才能有效地对目标进行传达。

如果"POP"这三个因素运用得当，组织或企业的表现自然会更上层楼。我在试验当中也验证了一项科学发现，即信任和目标可以促进组织或企业的表现。试验发现，信任和目标都能激活人大脑内部的某些区域，而这些区域可以促进与他人之间的合作并强化实现组织目标的行为。这也就是说，信任和目标可以通过构建员工所处的文化环境来培养。

可能有读者要问了，高敬业度的员工有那么难找吗？针对员工做一项敬业度调查不就可以了吗？所谓的敬业度调查确实不少，不过调查结果的可信度可能会大打折扣。此类调查无非就是问一些关于"是否喜欢"和"自发努力"这样的问题，有时还顺便检验下刚刚推行的员工参与计划的效果。而很多此类计划不过是盲目奉行某个心理学热点。员工们又不傻，他们自然看得明白这些所谓的"员工参与计划"不过是想让自己在不涨待遇的条件下多做些工作。"既让马儿跑，又想少吃草"，这未免太过天真了吧。很多此类计划的一大致命缺点就是，在这些计划中，员工们被当作是可以付出更多的"人力资源"，而不是可能会抵触的人。拜托，员工们都是活生生的人，又不是冷冰冰的机器。

很多员工参与计划存在的另一个问题是，它们往往会混淆相互关系与因果关系。包括我所进行的试验在内的很多研究都发现，当工作顺利的时候，员工们的积极性更高，心情也更舒畅。良好的表现会改善员工们的心情，从而让他们在工作当中更为投入。本书当中会介绍如何建立一种文化，可以让员工为了实现组织的目标而自觉付出更多认知与情感上的努力。当员工们享受工作的时候，他们会付出更多的努力，为顾客提供优质的服务，自觉改进工作方式方法，并愿意在同一家单位效劳更久。

本书每一章的结尾都会提出一些供读者在自己组织或企业尝试的任务清单。我原来在克莱蒙研究大学（Claremont Graduate University）的同事彼得·德鲁克（Peter Drucker）就曾对自己的客户说："不要告诉我这次会议开得多么成功。我想知道的是你下周一的时候会做出哪些改变。"为让各位读者更好地了解我所提倡的工程学方法，并纪念彼得·德鲁克，我将这些每一章结尾的总结称为"周一清单"。

多亏了日本 NHK 电视台的一位制片人，我在马尔克的实验才得以继续下去。这位制片人大方地派了一名特派记者从东京中转澳大利亚凯恩斯到了巴布亚新几内亚，并带来了液氮。电视台的拍摄团队还帮忙找到了一个能用的稳压器。我的实验设备总算又能运转了。

马尔克的村民们从来没看过医生或是牙医。他们更没有见过自己的血被抽到干净的针管里。不过，住在雨林里的这些村民并不像很多美国人那样晕针。有20位男性自愿接受了他们人生当中的第一次采血。我用采集到的血液样本确定了他们的催产素和应激激素的基准水平。

在完成这些工作后，我邀请这些受试者展示一下他们的村庄文化。于是他们便身穿树叶和兽皮表演了一段激情四射的战舞，祈求他们的祖先赐予他们力量和勇气。本书的后面也会介绍，仪式是增强信任的一种非常有效的方法。20分钟后，我又把这些受试者轮流领进我的小屋里进行第二次抽血。在用离心机处理后，我将血浆吸进2毫升的聚乙烯小管子里，然后将它们仔细收进液氮冷冻罐。

后来的分析显示，大部分男人在进行战舞仪式的过程中释放了催产素。此外，正如我在促进催产素释放的实验中遇到的其他成千上万受试者一样，在仪式过后，马尔克村的男人们表示他们更愿意为帮助自己的村庄做出牺牲，对自己身边的人也感觉更为亲近。对于马尔克村这样一个扁平式组织，仪式带来的这些改变尤为重要。

在马尔克村的男性当中，爱德华酋长既不是最年长的，也不是最强壮的，但他最有能力。与只在当地学校上过一两年学的大多数村民们不同，爱德华一直上到了五年级。他好歹能说上几句英语。他还经常到西部高地省的省会芒特哈根（Mount Hagen）去，用村里生产的食物和编织袋换回二手衣物、工具和烟草。他开着一辆矮胖的四驱车，还是一名持证上岗的导游。毫无疑问，他深深地爱着自己的村庄。他努力通过旅游业和推动教育为自己的村民创造更多的机会。有些村民选择到城市去工作，但大多数还是不喜欢那里的忙忙碌碌而选择回到马尔克。因为在马尔克，他们只需要每天劳作一小时，就可以种出足够吃的粮食。一位村民就通过翻译跟我说："在我们马尔克，没有工作这个概念。"马尔克的村民们可以自己选择想做什么，不用接受别人的指示或是干扰。

爱德华酋长从没有强迫村民们做任何事，村里的活动依靠的都是村民的自觉自愿。如果有村民种不了地，自然会有亲戚朋友帮忙照料田地，所以不用担心没饭吃。也没人会抱怨这些。马尔克村还会定期举行节日来庆祝重大事件和喜事。现代企业也需要依靠员工们自愿在工作当中投入时间和创造力，甚至在睡觉的时候都在想怎么帮公司解决问题。虽然员工们领着工资，但他们归根结底还是出于自愿。他们也可以选择跳槽，重返学校深造，甚至是上街乞讨。许多调查都显示，金钱虽然对员工有激励作用，但远远比不上文化的影响，我过去的试验也印证了这一点。彼得·德鲁克曾说：“管理不能离开文化……既然管理是一项社会活动，那么它既要对社会负责，又要体现文化。”在马尔克村的实验结束后，我们的实验团队将带着采集到的血液样本乘坐租来的四驱车奔赴芒特哈根，并从那里乘飞机返回我在美国的实验室。在我们装车时，爱德华酋长举手让我稍等片刻。我算是他组织中的一员，他也算是我的酋长了，于是我便乖乖地等了一会儿。男村民们又跳了一段舞，来庆祝我们在一起的时光。然后爱德华酋长交给我一个包裹，包裹外面裹着一层用胶带粘起来的旧包装纸。包装上用英文写着：“村里的领导者都有一把手铲，可以照料自家田地，养活自己的村民。作为一名领导者，你也应该有这样一把手铲。希望你能明智地使用它来为自己的人民谋幸福。”时至今日，那把手铲仍放在我的实验室里，每当我看到它的时候，就会想起酋长对我的“指示”：把力量传递给自己身边的人。

各式各样的组织都有共通之处，人们在交往当中释放催产素的过程也普遍存在。这两个强力因素就是那些绩效良好的组织或企业的成功之钥。

周一清单

· 你的组织或企业当中是否有将员工看作是人力资源而不是独立个体的行为？请找出你能做出的一项改变。

· 调查你的组织或企业文化是否反映了创建者的性格特征。如果是的话，其中哪些方面是好的，哪些方面又不太好呢？

· 马尔克村的村民们把彼此当作一个独一无二的部落的成员（巴布亚新几内亚全国有800多种不同的当地语言）。什么能让你的组织或企业显得与众不同？

· 你的组织或企业当中有没有较为封闭的部门？请想出一个办法来衡量是否所有的员工都知道组织或企业的核心目标。

· 请按照从1到7的分数，给你上级领导和直接下属的可信度打分。作为可信度的参考：如果一个人能履行自己的承诺，或者是在不能履行承诺的时候及早通知你，以便你能另作安排，那么这个人就是可信的。

CHAPTER

第一章

零内耗：信任的力量

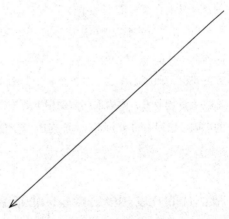

全球带着不确定性和不安全感进入2020 年，对于大多数企业而言，这是一场关乎生死的压力测试。严峻的外部环境下，企业若想在困境中"活下去"，必须减少自身内耗，打造一支彼此信任的高效团队，协调一致抵御外在风险。

印度北部有一个关押犯人的桑格内尔营（Sanganer Camp），这里与外界只隔着一道2英尺（约0.6米）高的墙，就连小孩儿都能轻松翻越。这是一个开放式的囚犯村庄，里面住着170户人家，里面的所有囚犯都是被判无期徒刑的谋杀犯。而负责看管他们的只有3名警卫。

所有的囚犯都是男性，他们晚上6点到早上6点必须在营内，其他时间可以到附近村子打工。他们都和家人生活在一起，而且还都是家里的顶梁柱。在过去的10年间，只发生了6次逃跑事件。而在过去的50年里，没有任何一个犯人再犯谋杀罪。印度有不少桑格内尔营这样的监狱，因为圣雄甘地（Mahatma Gandhi）曾提出，即使是犯人，也应该有重新做人的机会。而家庭在这一过程当中十分重要。这里的大多数犯人都可以称得上是创业者，因为他们需要用事业来养活自己的家庭。桑格内尔营的准则可以用一句话来概括，那就是"信任他人者，他人信任之"。

被信任的程度越高，产生的催产素越多

"信任他人者，他人信任之"正是我们大脑的工作方式。我的实验室自2001年开始进行的实验显示，当感到自己被陌生人信任的时候，实验对象的大脑会合成催产素这一化学信号。我们的研究发现，被信任的程度越高，人脑产生的催产素越多。在我们的实验当中，信任的衡量依据是实验对象从自己账户转到他人账户的金钱数额——他既见不到这个人，也无法与之交流，但这个人也是我们的实验对象。根据实验的设计，

当实验对象把一笔钱转给陌生人之后，这笔钱会变成原来的 3 倍。我们的实验当中发现了一个非常有趣的现象：当收到别人的转账，也就是得到汇款人的信任之后，收款人的大脑所产生催产素的量可以决定收款人将会向原先的汇款人转账的数额——虽然收款人完全没必要给陌生的汇款人转哪怕一分钱。

经济学的某些传统观点认为，只有傻子才会信任别人，因为对别人的信任是不能换回别人的信任的。这些发现就给这种观点以致命一击。实际上，在我们数百名收到代表信任的汇款的实验对象当中，有 95% 都释放了催产素。这些收款人又向那些选择信任他们的陌生汇款人转回了钱，证明自己确实可信。这就告诉了我们很多关于人性的东西：信任能带来催产素，而催产素又带来信任。在这里，催产素可以看作是一条黄金准则的生物学基础：你对我好，我的大脑就会产生催产素，告诉我你是一个我想交往的人，于是我也会对你好。信任是我们的社会行为在进化当中的一项保留曲目。

这些结果为什么可信呢？在这些实验当中，我们会在实验对象在不同情况下得到信任的前后快速地抽取他们的血液样本，以检测他们体内催产素的含量。其他人的实验当中也重复了这样的方式。不过，人的大脑同时在做许多事情。因此，为了验证因果关系，我们想到了用一种安全的方式使人脑摄入人工合成的催产素（通过鼻子）。在该实验当中，与接受安慰剂的实验对象相比，那些接受催产素的实验对象展示出了更多的对陌生人的信任，因为他们转给陌生人的钱更多。摄入催产素也让将所有的金钱转给陌生人的实验对象数量翻了一番。而这种行为代表的是最大程度的信任。

就算不了解这一发现的完整过程，不知道催产素能为人们带来关于人性和人类社会什么样的全新见解，读者也能明白信任如何改善企业的表现。最需要知道的是，催产素可以激发人的大脑网络，让我们更有同理心。对于人类这样的群居社会生物来说，同理心是一项非常宝贵的技能。通过换位思考，几乎所有 6 岁以上的人都有预测他人可能会做什么的认知能力（这也叫具备了心理能力）。这种能力可以帮助我们理解别人将会做出什么样的行为。同理心还能让我们获取更多关于别人的信息。它能让我们知道别人现在的感受以及在不同情况下的可能感受。这就能帮助我们理解，为什么某人会做某事。

我将催产素称为道德的"分子"，因为当人脑释放这种道德分子的时候，我们会对别人更好，就像对待自己的家人一样。催产素激发的同理心意味着，如果我们要伤害别人，我们也会感受到受害人的痛苦。又因为我们都不喜欢痛苦，所以同理心就能帮助我们采取合适的社交 / 道德行为。人类之所以拥有如此完备的同理心，是因为它能让我们成为效率更高的社会生物。像赢得别人信任这样的亲社会行为是我们得以处于包括组织或企业在内的人类群体的支撑。作为社会性生物，只有在群体当中我们才能生存下去。而具有同理心的神经系统能力以及对适当社会行为的更深理解增加了我们生存的概率。接下来还有更有趣的发现：催产素能让我们乐于成为组织的一分子。当我们和别人通力合作，对别人善意相待的时候，大脑也会给我们奖赏，包括当我们得到别人信任的时候变得更值得他人信任。这就是为什么"信任他人者，他人信任之"。

当我们超越人类大脑的平均水平（科学家最喜欢用平均这样的字眼）而进一步追问为什么人类行为会有变化的时候，神经科学变得更为有趣。我在过去 10 多年间进行的催产素研究当中（这可花掉了数百万美元的研究经费），一大部分都是在试图寻找促进或抑制催产素释放的是什么。这难道不是问题的关键所在吗？是什么让你的同事在升职后变得讨人嫌？为什么当你得知某个同事家小女儿生病了之后，本来想要训斥他的你会心软？我们社会性的大脑会改变自己的活动，以帮助我们适应身边的人以及自己的生理状态。这也就意味着，我虽然很确定各位读者都是好人，但也知道有时你们也会对丈夫或是妻子大声嚷嚷，有时也会在购物时对店员出言刻薄。从你的大脑的角度而言，用善意来对待身边的人往往是，但不总是，正确的反应。

接下来让我们用科学来解释。高水平的压力会抑制催产素的释放。这一点想必读者们早已心知肚明：过度劳累的时候你会感觉自己不在最佳状态。几乎每个人都能理解这种短期的情绪失控，都能接受别人犯错之后的道歉。在六七岁的时候，我们就能意识到自己在社交上犯的错误。我们身边的每个人都给予我们或含蓄或直白的反馈。根据这些反馈，我们就能知道自己的行为是否合适。这一过程无时无刻不在发生。催产素和它所激发的大脑回路扮演着道德指南针的角色，让我们知道所在社会群体所认为的对与错。每个群体都有自己建立的文化，也就是一整套社会规范。我们可以让群体成员明确理解这一套行为规范，很多时候是通过故事，也可以通过不怎么明确的方式来传达，比如说通过自己的面部表情或是行为来向别人做出反馈。

催产素的另外一大抑制因子是一种对人脑活动有着深刻影响的化学物质：睾酮。我的实验团队曾让男性受试者摄入人工合成的睾酮，结果发现，睾酮会让这些男性受试者变得自私和自负。因为睾酮水平高的男性受试者不仅和别人分享的少，而且还要求别人分享更多。搞得好像全世界都欠他们似的。想必各位读者也能想到世界上最缺少同理心的是哪些人了：年轻男性。男性的睾酮水平是女性的 5~10 倍（所以他们才更容易打架，更喜欢冒险，更有可能犯罪）。随着竞争和社会地位的提高，男性和女性体内的睾酮水平都会上升。升职？睾酮水平上升。找到新的英俊潇洒/貌美如花的新恋人？睾酮水平上升。得到一份 200 万美金的年终奖？如果你不注意下自己的言行，就有可能变成十足的混球。睾酮会让大脑认为我们已经取得了巨大的社会成就，因此我们才会表现得像个受崇拜的英雄人物一般。睾酮还会提升力比多的水平。怪不得公司高管、各国政要以及电影明星们会有那么多风流韵事。

好在攻击性行为会得到自然的调节。30岁后，男性体内的睾酮水平开始下降，并随着年岁的增长越来越低。好消息是，男性的亲社会行为一般会随着年龄的增长越来越高。你可以通过改变自己的默认社会行为来主动促进催产素的释放并享受它带来的好处，包括人际间信任和健康状况的改善。我身高6.4英尺（约195cm），曾经也是充满睾酮的大学生运动员。但我还是为自己挣得了一个"好好先生（Mr Love）"的昵称，因为我总是主动和遇到的每一个人建立友好关系。我们实验室的研究发现，肢体接触可以促使大脑释放催产素。拥抱的作用更为神奇，简直就像人脑的快捷开关一样。拥抱可以立即激发一种短暂的情感依附。既然我能成为"好好先生"，读者们也可以。后续章节会介绍，我们的目标就是寻找睾酮和催产素间的平衡，前者可以提高积极性和推动力，而后者带来的则是团队间的默契协作。

为了向各位读者直观地呈现大脑在工作时进行的"神经芭蕾舞"，这里我要介绍自己曾在某支橄榄球队队员身上做的实验。橄榄球和商业活动一样，需要组织内部的合作以及组织间的竞争。通过在赛前热身前后抽取橄榄球运动员们的血液样本，我们发现：赛前热身可以提升运动员体内催产素、睾酮和应激激素水平。最让人惊奇的是，赛前热身之前，队员们血液当中的催产素含量有高有低，但热身之后，他们血液当中的催产素水平较为接近。队员们在热身之后士气明显高涨起来，因为他们体内的睾酮和应激激素水平都上升了。但是他们的大脑对待队友和对手的态度明显不同，而只有这样才能更好地和队友合作去赢得比赛。在工作当中，有效的文化正是如此发挥作用：它能让同事之间专注在合作上，以赢得竞争。催产素和它所作用的能够影响神经系统的化学物质可以被我们加以利用，来将工作当中的团队合作最大化。

任何一个生物系统，包括人的大脑，都可视作是一个经济体系。大脑可以优先利用资源，并通过合理地分配这些资源来帮助我们生存和发展。没有受到产生催产素的刺激时，大脑不会白白地消耗卡路里来合成催产素。（实际上，人脑一直在生产极少量的催产素，但这仅仅是为了维持系统的运转，不会影响社会行为。）对同事的微笑和一句意外的夸奖可以少量增加催产素的释放，从而促进合作。有效调节团队面临的压力也可以很好地刺激催产素释放。当团队正在进行某个重要项目时，需要大家团结起来把事情做好。当团队合作占上风的时候，同事们之间的轻微怠慢和怪癖个性自然就不会引起注意。研究发现，催产素不仅可以提升信任和合作，还能增进宽容。所以，当大家在紧密团结工作的时候，为过去的错事道歉更容易得到谅解（如果你想得到谅解的话）。

无论是在卧室，还是在董事会会议室，或者是在宿营地，我都曾检测到催产素的释放。可以说催产素的释放无所不在。我们的实验当中记录了十多种刺激催产素释放的方式。方法其实很简单，只要是没有太大压力或睾酮能进行良性的社会互动就可以。或许，催产素正是让我们生而为人的那种分子，至少是为我们赋予人性的那种分子。理解了催产素的神经科学，你就可以在工作当中对人性加以利用。相信我，工作当中的人们最需要的就是人性。

将外在激励转化为内在动力

本章传递的一个重要信息就是，文化不是一成不变的。当组织的人员和目标发生变化的时候，组织的文化也随之演变。最重要的是，我们可以通过对文化的管理和不断改善，来提高员工积极性。接下来要讨论的是，如何运用我所进行的神经科学研究来改善你所在的组织或是企业的文化呢？

通过良性的社会互动来促进催产素的释放的文化不失为让员工一心投入工作的方法，但还有其他的方式。许多组织或企业采用的都是一种基于恐惧的管理方法。人们将这种方法称之为"X 理论（Theory X）"。科学研究发现，基于恐惧的管理方式其实是一件亏本买卖，因为人们可以很快地适应恐惧。利用员工恐惧心理的领导必须升级威胁，才能继续推动生产率的增长。但是，一个人能做出的威胁终究是有限度的。

基于恐惧的管理方式将员工视作可替代的人力资源，并忽视文化的作用，因此存在显而易见的缺点。最明显的一条就是高离职率，因为不和睦的公司留不住员工。而通过新招工来填补空缺有着不小的成本，要占到员工年薪的两成至两倍。因此，建立一种吸引员工的工作文化能有效地留住员工。

"X 理论"管理方式的一个变种就是用金钱来激励员工。这一方式经弗雷德里克·温斯洛·泰勒（Frederick Winslow Taylor）的"科学管理"发扬壮大。泰勒主张将工作分成许多项小任务，并对每一项完成的小任务进行奖励。但许多研究接连发现，金钱在提升表现方面其实是一个弱动力，最近一项荟萃分析（meta-analysis）也证实了这一点。如果你想用黄金打造的牢笼（高工资）来激励手下的员工，恐怕会得不偿失。这种方式只会造就契约佣工，而不是热忱的主人翁。因为不可能每个人拿到的工资都在平均水平之上，这就意味着下级员工往往干得最多，拿得反而最少，穷尽努力进入那个黄金做成的牢笼。但很多下级员工会选择离开，即便是最终进入到黄金牢笼当中，也会因激情耗尽而倦怠。

诚然，员工通过工作领工资是天经地义的。但是从长远来看，给员工创造表达自己内在动力的机会才是提高绩效的最佳方式。试想，如果能创造一种即使不发工资员工也会选择工作的组织文化将会是一种什么样的情形。这样的组织才能依靠员工的内在动力而发展壮大。"凌晨 3 点准则"是一个检验员工内在动力的好方法。有着强大内在动力的员工有时会在半夜发邮件，因为他们正执着于解决某个问题。如果一个组织或企业的领导者从没收到过这种凌晨3点的邮件，那么说明，要么是因为员工们缺少内在动力，要么就是组织或企业的目标不够有挑战性，使得员工不用在工作时间之外再费脑筋。

将外在激励转变为内在动机有一个很简单的方法，那就是当提到在身边工作的人的时候，不要用到"员工""人力资源"甚至是"人才"这样的字眼。这些人选择来你的组织或企业工作，为实现组织或企业目标付出了自己的努力，他们值得被看作是完整的个体。工作当中遇到的每个人都有自己的目标、希望、感情、个人生活、技能和选择。我喜欢将自己身边的人称为"同事"。我另外还有个建议，那就是将"人力资源部门"改名为"人力发展部门"。这个名称的改变意味着该组织或企业致力于用工作当中的挑战来吸引同事们的参与，同时又让他们享受工作与生活的适当结合。

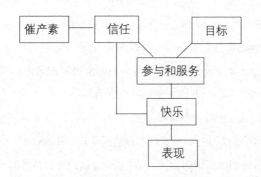

图一：催产素如何建立信任，改善心情和提升表现

图一所示为本书所基于的文化与表现模型。神经管理学的挑战在于如何设计可以每天通过积极的社会交往多次释放催产素的文化。理解了催产素所激发的大脑回路之后，我找到了一套可行的方法来构建促进并

维持人际间信任的组织文化。该模型经实证检验可以有效地建立信任并提升表现。

影响团队成员之间相互信任的 8 种因素

为了方便大家记住建立信任的管理策略课程，我设计出了一个朗朗上口的助记口诀。神经科学所确定的 8 种因素可以作为建立组织信任的基石，它们可以缩写为"OXYTOCIN"，也就是催产素的英文名字。它们分别是喝彩（Ovation）、期望（eXpectation）、高产（Yield）、放权（Transfer）、开放（Openness）、关爱（Caring）、投资（Invest）和自然（Natural）。我们实验室不仅仅找出了这些因素，还为"OXYTOCIN"管理策略如何实施才能最大化对大脑和行为的影响给出了具体的处方。在营利性企业和非营利性组织进行的实证检验说明，这 8 种因素运用得当，可以百分之百解释组织信任的变化。因此，可以影响信任的管理策略课程，仅此一家，绝无分店。

该模型显示，"OXYTOCIN"这 8 种因素可以在增进组织信任当中发挥杠杆作用。信任，再加上卓越的组织目标，就可以建立高敬业度的文化。热忱的员工能提供优越的服务，自然可以讨好客户。心存感激的客户又会表达他们的快乐，如此员工便能感受到工作的快乐（"快乐"）。当员工得到这种积极反馈的时候，组织或企业就能维持良好的绩效表现。

本书后续章节会逐一介绍每个因素，并阐述其在组织信任当中各自发挥的作用（即统计学中的变异系数 R^2）（在统计学中对变量进行线行回归分析，采用最小二乘法进行参数估计时，R^2 为回归平方和与总离差平方和的比值，表示总离差平方和中可以由回归平方和解释的比例，这一比例越大越好，模型越精确，回归效果越显著。R 平方介于 0~1 之间，越接近 1，回归拟合效果越好，一般认为超过 0.8 的模型拟合优度比较高——译者注），还会举例说明采取文化干预措施的组织或企业如何提升表现。每个单独的因素可以解释 51% 至 84% 的组织信任变化。这些数据来源于美国工作人口的全国性代表样本，他们参与了我开发的一项叫作"Ofactor"的调查。"OXYTOCIN"这 8 种因素在统计上并不彼此独立（每个因素都要占其他因素发挥作用的一部分），因此每个变异系数相加后的和是大于 1 的。

　　稍后我会请各位读者也尝试用"Ofactor"调查来衡量一下你的组织或企业的信任程度和"OXYTOCIN"8 种因素。整个调查只包括 30 个问题，因此不用花费太多时间。在阅读后续章节之前体验这项调查，可以找出你的组织或企业水平最低的几个因素，从而把更多的精力放在相关章节。要想改善团队合作和绩效表现，这些找出的因素就是应该最先着手之处。

　　本书中不会提出什么影响信任的新鲜管理策略。自工业革命后，管理者们试遍了世上所有的方法来提高员工的绩效。神经科学可以提供的是一种新鲜的框架，来理解文化如何影响员工的内在动力，以此来避免对管理策略进行盲目的改变。同样重要的是，神经科学可以展示如何对影响信任的管理策略的作用进行优化，从而提升业绩表现。

打造一支零内耗的高效团队

　　在这里，请各位读者尝试将管理看作是一系列的小型对照实验。本章当中会介绍一套方法论，可以帮助各位读者通过改变管理策略来改善企业文化。彼得·德鲁克曾在书中写道："领导者首要的工作就是管理好自己的能量，然后再去协调身边人的能量。"可惜，大多数领导者都被忙乱的工作整得焦头烂额，很少腾出精力鼓舞自己的团队。有效的方法是对企业文化稍作调整，让身边的同事们都能在各自的工作当中投入更多的精力。企业文化的改善也能让领导者们有更多的时间和精力集中在自己所擅长的事情上。当然了，改变都不是一朝一夕之间所能完成的。开车的时候，你也不能从30迈一下子开到100迈，只能慢慢地、稳稳地踩下油门。这样才能顺利地达到100迈的速度，而不用担心车轮跑飞。

在进行任何一项实验的时候，第一步要确定的就是测量方法。想要更好地改善企业文化，就应该更好地衡量现有的企业文化。找到起始位置非常重要，但理解企业文化的周期性变化也不容轻视。周一上班的时候会不会有一点心不在焉？季度结束前忙着赶进度的时候会不会觉得压力陡增？远程办公到底是会削弱还是能增进信任？不同的组织和企业对这些问题有着不同的答案。在没有对现有企业文化进行衡量之前，又怎么能知道如何改进呢？

接下来就要确定实验的干预措施。这里的关键是"实验"。领导者并非神明，不能要求他们无所不知，将提升绩效表现的方法信手拈来。我也做不到这一点。在建立起吸引员工参与的文化的框架后，接下来就必须选择所要实验的干预措施。管理实验在于对干预措施进行严格的试验，以保证所采取的措施真实有效。这种试一试的方法在管理当中也意味着谦逊。倾听周围人的意见，明确告诉大家你想要达成什么，然后再把改变推展开来。与传统意义中自上而下的"照我说的去做"相比，这种谦逊的做法更能吸引和留住员工。至于为什么，本书当中自有解答。

在医学上，干预措施可能是在病人身上试验一种新药。而在管理上，领导者所采取的干预措施就是对管理策略做出的改变。比方说，本书也会解释为什么休假制度是个糟糕的主意。要对管理策略进行改变的话，应该向员工们解释——最好是当面解释——为什么组织或企业正在考虑废除定期休假制度，而是要让大家自己选择如何管理和分配自己的时间。

实验的第三步是确定自己想要改变的现状。是销售额、卫生保健支出、利润，还是员工流失？当然了，想要的结果可以不止一个。这一步的关键是具象性。要想衡量管理策略改变的效果，首先要确定改变前的现状水平，然后定下一个让这些改变产生效果的时间段，之后再确定改变后的现状水平。如果管理策略的改变可以提升现状，那就继续坚持下去。如果没能提升，那就再回到起跑线。不管第一步改变的结果如何，接下来都要选择下一步干预措施，然后再把过程走一遍。企业文化的管理需要持之以恒的耐心，否则企业文化就会随着组织或企业的人员变动以及目标的变化而自己演变。

管理实验应当遵循"计划——执行——检查——处理（plan-do-check-act）"的戴明循环（Deming Cycle）。这种戴明循环基于英国哲学家弗朗西斯·培根（Francis Bacon，1561—1626）所提出的科学方法。它和六标准差管理策略的"定义、测量、分析、改进、治理"也有共通之处。之前已经采用的生产流程或是供应链的优化措施可以同样运用到企业文化的建设当中。

彼得·德鲁克曾说："要想成功地运用，就要不断地适应、取舍、改变、尝试以及平衡，就要在全面实施之前进行实际的实验。"如果在管理上所采取的干预措施没有起到改善绩效表现的效果，还可以试试其他措施。毕竟这只是一场实验。只要和员工间的沟通良好，相信大家都会积极配合，因为管理上的所有干预措施实际上都是以人为本的：它们的初衷是为了在提升组织或企业绩效表现的同时改善员工生活。

综上所述，进行管理实验的步骤如下：

·定下所想要做出的管理策略改变的基准，以及你认为它能影响的现状。

·向员工解释这一改变的初衷，以及开始时间和持续时间。

·当实验期结束时，首先确定你想改变的管理策略得到了落实，然后对现状进行衡量。

·如果做出的改变对现状产生了正面影响，那就继续坚持下去。如果没有，可以考虑回到起跑线。

·重整旗鼓，继续进行。

这本书可以看作是对如何发展"软实力"的指导。后面的八章内容会讲述如何实施管理策略的干预措施来改善与业务相关的现状。这其中不仅有科学原理的阐述，还有促进信任的管理策略的成功案例。这些可以用来指导读者在自己组织或企业的具体实践。

本书提出一个颠覆性的概念：没有最优的企业文化。不同于经济理论学家所钟爱设想的理想世界，企业文化应该基于创始人的个性、行业规范、高层管理者，以及众多的制约因素。也就是说，最优的企业文化始终在路上。我们的目标应该是不断地对文化进行改进。而且，千万不要患上"分析瘫痪症"，一心用在追求完美上，而迟迟不肯着手落实。与其停留在错误的位置上踟蹰不前，倒不如努力向正确的方向靠拢。

虽然管理确实属于人文学科，但是它也可以用科学的观点来解释。我相信，只有结合了人文与（神经）科学的管理才是最有效的管理。这是一个过程，一个没有终点的过程。谷歌的人力资源运营部副总裁拉斯洛·博克曾有言："建立伟大的文化和环境，需要不断地学习、实验和更新。但这一切都是值得的。"

周一清单

·前往 www.ofactor.com/booko 参与"Ofactor"调查，查看自己组织或企业的信任情况以及建立信任的8种因素。这里你也可以获取关于"目标"与"欢乐"的数据。

·写下3到5项你认为企业文化能影响的绩效指标。确定如何客观地测量这些指标。

·在组织或企业当中找出一个运转良好的部门。写下你认为该部门文化表现良好的3个原因。

·请员工指出他们想要组织或企业做出的一项改变。思考一下，信任如何影响人们想要的改变？

·和员工们谈一谈，问问他们对于提升工作当中的信任有什么想法和建议。

CHAPTER

第二章

拒绝人人相轻、
缺乏包容性的企业文化

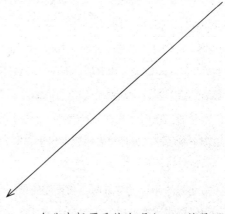

企业内耗严重的表现之一，就是团队成员之间彼此轻视、缺乏包容性，导致个人之间和部门之间的冲突不断，无法顺利开展合作，阻碍企业发展。

　　康泰纳零售连锁店（Container Store）的喝彩曾有多种不同形式，情书、T恤或者是巧克力。喝彩一直是康泰纳零售连锁店企业文化的一部分，虽然在经济危机时期一度难以为继。那时康泰纳不得不取消在达拉斯总部举办的年度员工会议。在每年的员工会议上，来自全美各地零售店的300~350名资深员工聚在一起，讨论下一年的战略、产品以及项目。

　　在经济状况好转后，2011年康泰纳再次举办了员工会议，这一届的主题是"联通、沟通与社区"。到场的有许多富有激情的演讲者，包括GSD&M广告公司的创始人罗伊·斯宾塞（Roy Spence）、全食超市（Whole Foods）的创始人约翰·麦基（John Mackey）、与弟弟约翰一起创立美好生活（Life is Good）服装店的波特·雅各布斯（Bert Jacobs）。我也应康泰纳创始人基普·廷德尔（Kip Tindell）的邀请发表了演讲。还好本届会议主题的三项内容我都驾轻就熟，于是我在一个小时的时间里讲述了组织和企业的社区建设以及联通的科学之道。所有的讲话都被录制了下来，以便那些没能与会的店员们观看。

　　走进康泰纳的总部时，我正好遇见了这家公司的首位员工，这名女士当时仍在那里工作，已经有32年之久。事实上，康泰纳的董事长梅丽莎·赖夫（Melissa Reiff）告诉我，康泰纳的员工流失率非常低。零售店的店员流失率每年平均约10%，而兼职工行业的平均水平是27%。在这背后，喝彩是一个关键因素。

　　走进康泰纳的总部，首先映入眼帘的是一面名人墙。每个在康泰纳工作10年或以上的员工，他们的名字都会被做成玻璃匾额挂在墙上。10年以后，员工每5年还会再赢得一块牌匾。到了牌匾被挂在墙上的时候，该员工和自己的丈夫或妻子还会被邀请飞往达拉斯并接受高管们的款待，其中包括四季酒店（Four Seasons）的周末时光和丰盛的大餐。这种喝彩就是对这些员工为公司和顾客的服务的认可。

我一走进康泰纳总部便能感受到这种喝彩。在这种喝彩所释放的催产素的作用下，我和每个遇到的人打招呼时都不是简单的握手，而是热情的拥抱。而每个人也都乐意和我拥抱，不管是普通员工还是最高层领导。康泰纳员工对待彼此的态度能明显地感受到关爱。整个会议是在欢乐和庆祝的氛围中度过的。这家公司挺过了经济危机，又要继续向前发展了。

我帮康泰纳公司设立了一种新的喝彩方式，叫作"关爱员工日"。在情人节当天，每名员工都能收到一个礼品篮，里面有公司创始人给他们写的"情书"，还有 T 恤、巧克力等有趣礼物。2010 年，康泰纳公司在总部大楼的楼顶上设立了一封 5 万平方英尺（约 4645 平方米）的巨型"情书"。我不久前去达拉斯的时候，那封情书还在他们总部大楼的楼顶上。康泰纳公司还在《纽约时报》和《达拉斯晨报》上购买整版的广告，向所有人宣告"我们爱我们的员工！"康泰纳的零售店里还播放情歌，也欢迎顾客们到公司网站上给自己最喜欢的店员写"情书"来表达感谢。

我还发现，康泰纳公司不仅会赞美自己的员工，更会赞美自己的顾客。当初我到康泰纳总部去演讲后，得到的报酬里有一张礼品券。几个月后，我和女儿驱车一小时到加利福尼亚州的帕萨迪纳市去用掉它。刚到康泰纳零售店 5 分钟，就有店员们过来自我介绍并拥抱我，他们要么是在达拉斯见过我，要么是看过我那次演讲的视频。我像明星一样在他们的簇拥下在店里逛了一圈。当然了，我那次也没少买东西。

更神奇的是，在达拉斯那次演讲过去一年后，我收到了一封来自康泰纳董事长梅丽莎·赖夫的邮件。其中包括这么一段内容：

每周我都能听到很多员工提起你在演讲当中或是和他们单独聊天时

说过的话。他们说这些话对他们思想和行为的影响经久不衰。他们在领导过程当中更清楚自己在做什么，更能意识到自己一路走来的点滴，更多地融入当地的社区，和同事与顾客之间的关系也更加牢固。你肯定想不到，我收到的反馈足有上千份，很多都是称赞你的演讲多么有用。我想和你分享的太多太多，而这些只不过是一小部分。

她的邮件中有她的同事们对我的演讲给出的 6 条溢美之词。我简直感到受宠若惊。她管理着一个有着 6000 名员工，营业额将近 10 亿美元的大公司。而我在员工大会上做完演讲后也拿到了应得的报酬，我们已经是两不相欠了。她完全没有必要在一年之后还专门写邮件来感谢我。我意识到，喝彩正是康泰纳公司蒸蒸日上的成功之钥。作为公司文化的一部分，它已经内化成为一种本能，无所不在。

美国马瑞兹研究公司（Maritz）的一项调查报告显示，只有 10% 的员工对自己公司的员工认同项目表示完全满意。有 55% 的受访者认为喝彩可以提升他们的工作表现。这说明各家公司的做法与员工的需求之间存在巨大的分歧。一项针对全球 10 万名员工的调查显示，79% 的受访者认为他们离职的最重要原因是"得不到认可"。至少有一项员工认同项目的组织或企业与没有喝彩的同行们相比，员工离职率更低。据估计，员工留职率上升 5% 的话，企业的盈利能力可以提升 25%~85%。在谷歌的一次创新大会上，赛格威平衡车（Segway）等很多神奇产品的传奇发明者迪恩·卡门（Dean Kamen）就曾对我讲："庆祝什么，就能得到什么。"

上一章中曾邀请读者参加"Ofactor"调查，完成之后，你就能知道自己的组织或企业在喝彩这方面做得怎么样。现在我将介绍这方面应当如何提升。

拒绝人人相轻

通过神经科学，我们可以找出将喝彩的影响最大化的具体可行方法。喝彩通过两条路径影响大脑从而激发人的积极性和团队合作能力。首先，喝彩可以直接促进神经递质多巴胺的释放。这就意味着人在期待得到奖励。多巴胺可以提升注意力和能量，并带来愉悦感。如果你玩过扑克牌的话，即使赌注很小，你对这种感觉肯定也不会陌生。当你真正想赢的时候，你的大脑就会高速运转，思考赢牌的概率，盘算策略，努力尝试阅读其他玩家的微妙表情。如果最终赢得了这一局，想必你肯定会心花怒放。喝彩正是通过这一神经机制来让员工钟情于工作。

要想将多巴胺释放的效果最大化，喝彩就应该在意料之外、实实在在，而又私人定制。喝彩是和所实现的目标联系在一起的，可以增强帮助团队取得胜利的内在心理回报。"私人定制"这一点非常重要。如果你的团队成员喜欢巧克力，就给他或她买上一盒高档的巧克力作为喝彩的礼物。等下次开全体人员会议时，或者是项目大功告成那一天，把喝彩送出去。实实在在的奖励，可以赢得员工在接受喝彩时真真切切的感受，过后还能展示给同事或伴侣，这样就可以加强成就与奖励之间的神经通路。

促进多巴胺释放的另一种方式就是"意料之外"的奖励。人的大脑喜欢惊喜，因为这意味着发生了新鲜的事情，注意力一下子就会集中起来。顺便说一下，"意料之外"并不是说喝彩不能够精心安排。只要接受喝彩的人或者团队不知道惊喜就在前方或者不知道惊喜是什么就可以了。

及时地给予肯定和赞美

还有一种促进多巴胺释放的方式是将喝彩安排在实现或超越目标之

后不久。几个星期甚至数月后的迟到的喝彩可能就会令人索然无味了，并不能强化人脑中"我们做到了！"和"我们得到认可了！"之间的联系。喝彩应当始终如一而又快速及时。多巴胺属于大脑的唤醒系统，因此可以通过制造激动人心的喝彩方式来更好地激发大脑。当完成一个大项目之后，带团队去玩双人跳伞怎么样？当然好了！去迪士尼乐园？心动不如行动！

一条好的经验法则是，喝彩应该在挑战达成的一周之内进行。最好做到雨露均沾。如果每达成一个目标就大张旗鼓来一次喝彩的话，喝彩的效果就会大打折扣。当重要目标实现的时候，喝彩则是必不可少的。对于小一点的目标，在集体会议上衷心地说声感谢就已经足够。不过，对小事情的喝彩也很重要，应该成为组织或企业的常态。那些积极性高的员工更应当时常得到感谢。

当众表扬

当在公众场合得到认可时，喝彩就能刺激催产素的释放。当众的喝彩，尤其是来自同事或是顾客时，可以建立和巩固团队的归属感，并让大家更喜欢自己的工作。如果员工的亲朋好友也在场的话，这种公共场合的喝彩更能让所有员工重视目标的实现。此外，催产素的合成还能刺激大脑产生多巴胺。公共场合的意外喝彩可以让大脑同时释放催产素和多巴胺，何乐而不为呢？

同事间在公众场合的相互认可是一种促进喝彩经常化的有效方法。诸位可以考虑建立一种让员工们相互认可的制度，比如说员工们可以因此获得一定的积分，用来换取礼品甚至是旅行。美捷步就有自己公司内部的"货币"——"美捷步元"，用来感谢解答问题或是主动帮助的同事。"美捷步元"可以兑换礼品，赠给同事，还能换成美元捐给慈善机构。重要的是，"美捷步元"还包括一张赠予人的便签，上面写着自己赠送的原因，如此便能将喝彩产生的效果个性化。同事之间的喝彩可以鼓励所有人都参与到对各种成就的庆祝中。

寻找喝彩的最佳做法

这里提到的主意，我都在自己带领的 25 人的神经科学实验室里首先尝试。在周一的全体会议上，我会邀请团队成员们用语言来赞美同事们的优异表现，以此来作为喝彩的开始。我自己也经常站出来感谢一两位同事。在感谢之后，我还会当着大家的面送出一份礼物。有时是 25 美元的咖啡券，这通常是同事之间的喝彩。如果是我专门为某位同事喝彩的话，我还会准备一份特殊的礼物。礼物送出去后，得到认可并收到礼物的人必然会对大家在攻克目标或是解决难题当中提供的帮助表示感谢。

喝彩的一个重要作用在于可以提供一个让大家讨论最佳做法的平台。而且是一种同级同事之间的讨论，而不是来自高层管理人员的指示。相比于强制性的培训，这种在同级之间讨论中得到的经验能更好地被大家理解吸收，因为它是来源于个人经历和故事（第十章中会进一步探讨）。喝彩可以为同事之间互相分享信息和相互学习提供一个自然的环境。此外，公众场合下的喝彩还能激发那些没有得到认可的员工的积极性，让他们努力为自己和团队赢得喝彩，激活员工大脑的多巴胺激励机制，进一步提升绩效表现。

喝彩可以加强员工对团队合作的重视，还可以用团队目标来激励所有成员。心理学家卡罗尔·德韦克（Carol Dweck）和她的合作者们证实，只有当员工得到认可是因为完成了任务，而不是仅仅露个面出工不出力时，喝彩才能提高绩效表现。德韦克发现，简单的"你真棒"这种类型的喝彩只会给员工带来更大压力，起到的是反激励的效果。我们不可能随时随地都做到至善至美（第九章中会详细讨论），所以我们也不能为别人树立这种不可能实现的目标。针对员工所完成的任务进行表扬对该员工今后的积极性和绩效表现有着正面作用。这也能让员工清楚地认识到大家所看重的是什么。

现在大家应该已经明白，为什么"月度最佳员工停车位"这样的措施对员工的激励作用非常有限了。大多数员工都会认为这种好处只不过是大家轮流享受，最终几乎每个人都能"赢得"这样的机会。这种方式不仅完全在意料之中，与实现的目标没什么关系，而且也没针对不同的员工的"私人定制"，所以只能起到很少的激励作用。这也正是用神经科学指导管理策略的价值所在：只有理解喝彩如何对大脑产生影响，才能用科学的方法找出提升绩效表现的最佳做法。

私下批评

从公众场合的喝彩可以得到一个推论，那就是表扬应该当众，而批评则应当私下。公众场合的训斥会引起员工应激激素的急剧上升，让受众倾向自我保护与对外侵略性，抑制催产素的释放，阻碍信任的建立。目睹训斥过程的其他人难免也会暗自思忖"下一个恐怕就要轮到我了"，如此则进一步破坏信任氛围。当员工的信任感下降的时候，他们的积极性和绩效表现自然会受到影响。与非社会压力源相较，社会压力源的心理刺激要多持续 50% 的时间。实际上，公众场合的谴责会激发大脑内与处理生理性疼痛相同的回路。因此，在工作当中被羞辱就像小腹被人狠揍一样痛苦。

记得要把员工当作是与你平等的人来看待。如果有人没有实现目标或达成任务，最好是私下和他或她谈一谈。你可以把这名员工调往另一个项目，或是为其提供额外的培训。不要大声咆哮："你这个成事不足，败事有余的家伙！"领导岗位的意义在于开发身边人的潜力，而不是让你有资格威胁或是恫吓他人。

与 19 世纪延续下来的传统管理实践相比，"Ofactor"管理方法的一个重要不同点在于避免使用威胁或是恐惧。从短期来看，恐惧或许可以起到激励的作用，但长期来看肯定不行。当领导者在工作当中将威胁倾泻而出的时候，已经不仅仅是能不能起到激励性作用的问题了，相反还会引起员工的习得性无助，让员工放弃尝试做任何事。把一只老鼠关在笼子里，如果随机而又飞快地摇晃笼子，老鼠只会坐着一动不动，因为它知道躲也没有用，何苦费力躲避呢？最终，老鼠会一直坐着不动，直到死去。习得性无助恰恰是积极性的对立面。基于恐惧的管理会打击员工的信任、积极性、健康以及留职率（相关数据参见第十一章）。

就连呆板的美国政府也意识到了喝彩在维持绩效变现和挽留高技能人才方面的重要性。美国于 1993 年颁布的《政府绩效与结果法案》（Government Performance and Results Act）（2010 年进行了修订和补充）允许政府部门使用货币或非货币形式的喝彩来认可公务员的杰出表现。大多数奖励的价值都在 750 美元以下，而且有的部门过度使用喝彩项目，以至于基本上所有员工都能得到认可。话又说回来，连美国政府都能意识到喝彩的重要性，营利性企业和非营利性组织自然不能落后。

即使是在高人员流动率的行业，喝彩也能显著提高员工的留职率。美国最大的二手车零售商车美仕（CarMax）就运用喝彩来留住最优秀的销售人员。美国汽车销售行业平均每年的离职率高达 50%，而车美仕每年的离职率只有 17%。实际上，车美仕连续多年在《财富》杂志的"最佳雇主"中榜上有名。首席执行官汤姆·福利亚德（Tom Folliard）深知，喝彩不仅仅关乎金钱。为奖励那些为顾客提供优质服务的员工，车美仕有十余个全国性的奖励项目，各地区自己组织的奖励项目就更多了。车美仕每个月会用邮件公布本月"汤姆眼中的十佳分店"，获奖者将会获得一次"大三明治"派对。车美仕最受员工欢迎的项目是牛排野餐。在这个为表现优异的分店举行的活动中，主管们负责烧烤，其他员工只需等着主管们把烤好的牛排端上来。难怪人们都争先恐后地想为车美仕工作——每年都有将近 25 万人申请去车美仕工作。

一项针对美国和英国管理培训生的经典研究显示，在完成几项任务后，得到喝彩的管培生的后续表现明显优于那些没有得到认可的管培生。美国的管培生在得到喝彩后，绩效表现平均能提高 103%，英国管培生的表现也上升了 45%。尽管喝彩如此重要，但马瑞兹研究公司在 2011 年进行的一项调查显示，只有 46% 的销售人员曾得到过喝彩。三分之二的员工表示，喝彩可以让他们的工作更为快乐。错过喝彩就等于错失良机。

内在激励才是长期保持高效的关键

波士顿的一家咨询公司在调查中发现，喝彩是工作当中对员工最重要的因素，而工资只能排在第八。员工获得的工资属于外在激励。多项研究证实，员工的内在动力，或者说是内在激励，才是长期保持高效表现的关键。此外还有团队的信任感和归属感，以及社会动机。第九章当中会讲到，只有当组织或企业有着明确的目标，并且目标的内外传达良好的时候，社会动力才能发挥最强作用。

有效的喝彩往往并不是给予金钱。荷兰一家大型公司曾在一项调查当中给予员工不同的奖励来鼓励他们降低能源消耗。调查结果显示，对于节能行为的金钱奖励，无论在公众场合还是私下场合给予，对于员工行为的改变微乎其微，仅能降低 1%~3% 的能源消耗。与之相较，对节能行为的公开表扬则效果更为显著，能将平均能源消耗降低 6.4%。可以这么说，社会动力对绩效表现的提升作用是金钱激励的足足 5 倍之多。重要的是，在员工认可项目结束 8 个星期后，员工们仍然在坚持节能行为。

使用金钱奖励的时候千万要慎重，因为这种方式有可能显著降低员工的绩效表现。对额外津贴等激励项目的研究显示，这些激励项目会破坏员工的内在激励，从而降低他们的表现水平。简单粗暴的"按劳取酬"项目会让员工们感觉自己的行为受到了外在控制。当员工对自己的工作方式、时间和地点有决定权的时候，他们的表现会得到显著提升。这一点也将在第五章中详细讨论。大量的实验室实验和现场试验都已经证实，金钱奖励会降低员工的生产率。而对于员工来说，在一个只有外部激励的组织或企业工作，他们的生理和心理健康也会受到影响。

同事间的相互认可

哈佛大学商学院的迈克尔·诺顿（Michael Norton）教授和他的团队曾在一家比利时制药企业进行过一项实验研究，受试的销售人员会得到两种金钱激励方式中的一种。第一种激励方式中，受试者会得到 15 欧元，并被告知可以把这笔钱花掉。第二种激励方式则是让受试者将这 15 欧元分给自己所在销售团队的同事们。诺顿教授和他的团队跟踪了下一个月的销售情况。

他们跟踪的结果发人深省。第一种激励方式对平均销售额的提升只有 4.5 欧元，而第二种方式则足足提升了 78 欧元。给同事送礼物的投资利润率高达 500%。

为证实这一结果，诺顿教授的团队在躲避球学校联赛的几个校队身上使用了这两种激励方式。在激励干预之前，这些球队本赛季的胜率都在 50%。在使用上述两种激励方式后，第一种方式并没有提高球队的胜率（实际上，球队胜率稍微下降至 43%），而使用第二种方式的球队的平均胜率从 50% 提高到了 81%。这就证实了比利时实验的结果：社会化的喝彩作用强大。

朋友与家人的间接影响

要达成喝彩时催产素和多巴胺双重释放功效，可以在庆祝时邀请员工的朋友与家人。星巴克在中国有大约 1200 家店面，共 2 万名员工。最近星巴克就开始在庆祝时邀请员工的家人参与。星巴克的首席执行官霍华德·舒尔茨（Howard Schultz）曾表示，他的这个想法来源于在中国的计划生育政策下所产生的关系紧密的家庭。在最近出席的一次有家庭成员出席的庆祝活动上，舒尔茨亲眼看见员工父母在自己的成人孩子得到工作认可时所表达出来的激动心情；而那些被认可的员工也和父母们一样兴奋。舒尔茨意识到，星巴克的工作固然对员工重要，但对于员工的家人来说也很重要。而这一点应当得到认可和庆祝。

美国的贝瑞·威米勒制造业集团（Barry-Wehmiller）在喝彩时也会邀请员工家人参加，而且采取的方式更为夸张。贝瑞·威米勒集团在北美和欧洲拥有并经营着约 60 家自动化设备制造商，其中大多数都是通过并购或改组而实现盈利，但都保留了自己原来的公司名称和员工。

贝瑞·威米勒集团的首席执行官，人称"鲍勃"的罗伯特·查普曼（Robert Chapman）曾跟我说过他喜欢把喝彩搞得轰轰烈烈。鲍勃自己是一个跑车爱好者，他说他认为名下各类公司的许多员工也应该会享受开跑车的感觉。"为什么工作不能充满乐趣呢？"他曾反问道，"为什么一定要把工作当作谋生的方式，非要等回到家花自己的钱去寻找乐趣呢？"

于是，鲍勃斥巨资买下好几辆亮黄色的雪弗兰 SSR 跑车，并和他的团队以此开展了一项员工激励项目。每个公司的员工可以提名一位"对他们的生活有正面影响"的同事。这里要传达的信息很重要：关键不是在于表彰和认可那些工作表现优异，或是帮助他人取得成功的员工，而是要吸引更多人的眼球。然后再从员工的推荐当中找出模范员工。令人拍案叫绝的做法还在后面。举行庆祝活动的当天，获奖员工花落谁家严格保密，所有的工厂当天也会停工。获奖员工的家人和好友会受邀请参加庆祝活动（但事先不能向当事人透露风声）。公司的所有人都会出来参与庆祝，提名信会当众宣布。庆祝活动的高潮就是获奖员工得到那辆亮黄色雪弗兰跑车的车钥匙，然后就可以在下一个星期里开着这辆炫酷的跑车兜风了。鲍勃告诉我，几乎所有的获奖员工都会首先把车开到自己父母家，然后带上老妈出去兜一圈风。

对于人类这样的社会性动物来说，能够因为自己的良好表现而得到认可是非常重要的。让员工的同事、家人和好友参与到喝彩当中，可以将喝彩的作用最大化。轰轰烈烈的喝彩还可以吸引更多员工的参与，勾起他们努力争取属于自己的喝彩的欲望。鲍勃·查普曼曾写道："员工才是我们最宝贵的资产……从这些简单活动当中可以看出，人们在工作中对于获得赞赏有着强烈的渴望和需求。"贝瑞·威米勒集团关注的重点并不是生产制造，也不是获取利润，而是在于"培养优秀的员工"。宜家（IKEA）和佩拉（Pella）等运行良好的公司也采用同事间的喝彩来对员工的优异表现进行认可和赞赏。但很少有像贝瑞·威米勒集团这样轰轰烈烈的。

鲍勃·查普曼的观点也得到了第十一章中数据的支持，那就是组织和企业是离不开企业文化的。而如果员工能在企业文化中享受喝彩的话，他们的表现会更好。

周一清单

·请设立一项喝彩项目，或是对现有喝彩项目进行改进，每周对表现优异的员工进行认可。

·为表现良好的员工或部门设计一项公众场合举行的有趣的年度喝彩。

·运用喝彩来找出并归纳最优的做法，将这些做法推广到其他部门。

·为模范员工设立一项同事间的喝彩项目。

·请为团队里的每位成员想好一份合适的礼物，以便以今后的喝彩中使用。

CHAPTER

3

第三章

建立共同愿景，
组织内部协调一致

企业共同愿景的构建有助于提高团队凝聚力，避免组织协同过程中出现彼此掣肘的内耗现象。当团队里的同事共同面对某项挑战时，就会产生共同愿景，83%的企业信任与共同愿景有关。

没有员工会喜欢意外（意外的喝彩当然除外）。即便如此，仍有三分之二的员工每年都会对自己的员工考核感到某些意外。作为比较，那些积极性高的员工多久能得到主管的反馈呢？每个星期。这些每周都能得到反馈的员工就很少会感到意外。

从人的大脑当中，数周前发生的事情几乎无关紧要，所以等上一年再给自己员工的表现提出反馈几乎没有作用。而定期给员工的表现提出反馈，可以在员工大脑中建立起神经回路，从而让员工为实现目标而调整自己的行为。这个过程就是我所说的"期望（expectation）"。

期望的作用远不仅于此。为员工设立困难但可以实现的期望，可以激发员工大脑内的奖励机制，从而让实现工作目标具有吸引力并带来愉悦感。本章当中就会讲述如何通过为员工们设计挑战来建立期望。

几年前，我答应参加《与摩根·弗里曼一起穿越虫洞》（*Through the Wormhole with Morgan Freeman*）的电视节目。制片人邀请我设计一项有趣的实验来说明我们为什么会信任陌生人——甚至是将身家性命托付出去。当时我就提出最佳的实验非双人跳伞莫属。最有趣的是，测试对象就是我自己。

我和大多数人一样，有一点点恐高。好吧，我承认我恐高的程度不仅仅是一点点，但大多数时候我都没问题。不过，跳伞那种高度对于我来说就有点过分了。跳伞之前的几个星期里，我不仅时不时地感到恐慌，晚上还会被噩梦惊出一身汗。等到了跳伞的当天，在摄像机的注视下，我只好硬着头皮上了。在加州皮瑞斯市（Perris）的跳伞场，飞机在跑道上起飞的一个小时前，我抽取了自己的血液样本，以获取体内催产素和应激激素的基准水平。按照我的计划，当安全降落到地面的时候立即在自己胳膊上再抽一次血。我想知道自己的大脑在自由落体时会有什么反应。

在 10 分钟的简短介绍之后，我和一位名叫安迪（Andy）的跳伞教练员绑在了一起。我们乘坐的是一架 20 世纪 60 年代的螺旋桨飞机，机身里面经过了挖空改造。当飞机盘旋上升的时候，我一直在关注自己手腕上的高度计。到了 12500 英尺（约 3810 米）高度后，绿灯亮起，跳伞指导打开了机舱的滑动门。迎着灌进来的强风，我和绑在一起的跳伞教练员一步一步挪到"深渊之门"。在我踏出舱门前，随我一起上飞机的一位研究生对我进行了一项认知测验，其中一半我没通过。因为我当时的注意力全部放在如何才能安全地自由落体。随着"1，2，3，跳！"的指令，我们纵身一跃，在 50 秒的时间里下落了 7500 英尺（约 2286 米）。在 5000 英尺（约 1524 米）的高度上，降落伞打开，我们两个就像被拴在尼龙摇篮下的两个婴儿一样向下飘落。

我的大脑在干什么？在意料之中，我的应激激素上升了足足 400%。应对极限挑战的睾酮水平也上升了 40%。意外的是，我体内的催产素水平也上升了 17%。我承认自己对跳伞教练有了一种强烈的依恋。是他带领我克服了一项艰巨的挑战，并且改变了我对自己能力的认知。

自那之后，我又参加了好几次高空跳伞。到了现在，我简直迫不及待想体验踏出飞机那一刻的感觉。每次跳伞的时候，我仍然全神贯注在安全措施和跳伞技巧上。同时，跳伞带给我的享受也大幅提高了。最近，我又在一家日本电视台的节目上重复了这个小实验，在我人生当中第四次高空跳伞之前和之后抽取自己的血液样本。这一次，我的体内的应激激素只上升了 50%，而催产素则足足上升了 200% 还多。这样的挑战是可以战胜的，而且可以带来很大的享受。这就是"期望"的力量。

用科学的话来总结：压力并不是坏事，就是这么简单。

不过，那种一直压在我们肩头，似乎永远不会消除的慢性压力确实是坏事。慢性压力会导致心血管疾病、抑郁以及糖尿病，还会抑制催产素的释放。而挑战带来的压力则是一件好事。实际上，挑战往往是有趣的。尤其是只要付出足够努力就可以明确达成的挑战。拿高空跳伞来说，我知道它会在 10 分钟之内结束。不管跳伞有多么可怕，至少它有一个明确的终点（不管是平安落地，还是英勇就义！）。

挑战带来的压力会让我们的大脑无视周边干扰。当手头有一份紧急的报告需要完成的时候，我们不会浪费时间回复无关紧要的邮件或是在网上浏览花边新闻。我们的注意力完全集中在分析和写作上。这种全身心的投入有时甚至会让我们忘却时间，我的同行米哈里·契克森米哈赖（Mihaly Csikszentmihalyi）将此称为"心流（flow）"。契克森米哈赖发现，心流是一种内在的激励，而且只有当我们有着明确目标的时候才会发生。

在挑战带来的压力下，大脑会指示身体产生加快反应速度的肾上腺素和促肾上腺皮质激素（ACTH），让我们高度专注并感觉不到时间的流逝。与长期慢性压力引起的影响神经系统的化学物质不同，挑战带来的压力所引起的生理作用能在挑战达成之后很快退却。当我第一次跳伞落地后抽取自己血液样本的时候，我的双手已经一点都不抖了。在我飘落到地面之前，跳伞挑战带来的眩晕已经从我的神经系统里消失不见了。

期望达成之后的喝彩也十分重要。当团队的目标实现之后，可以好好地庆祝一下，并让成员们讲述他们是如何做到的，这正好也可以作为喝彩当中的一部分总结。对管理者来说，他们应该设计一些期望，让员工实现小的胜利，并进行庆祝。如此可以在员工的大脑中建立期待下一个胜利的脑回路。当目标达成并庆祝过后，是时候让团队稍作休整了。大脑在高度集中过后需要一段时间的不应期。正如我在第二章中所建议的那样，可以带你的团队去游乐园放松一下，或是一起踏上冒险的旅程，以此来享受作为成功团队中的一员的快乐。一定要让员工们乐在其中，让团队在下一个项目开始之前享受几天工作轻松的惬意。还要让员工得以弥补睡眠、享受家庭时光和休闲娱乐。实现期望的这一过程可以总结为：挑战和恢复。

确立可达成且具有一定挑战性的目标

2007 年之前的数十年间，美国华盛顿特区的教师都能定期得到优秀的考核成绩，尽管他们教出来的许多学生不能读也不会写。2007 年，仅有 8% 的八年级学生通过了年级水平的数学能力考试。华盛顿特区的学校成绩如此差劲，可是他们在每个学生身上投入的资金却在全美排名第三。华盛顿市的市长阿德利安·芬迪（Adrian Fenty）迫切地想做出改变，于是便设立了一个新职位：教育局局长。教育局局长行使之前教育委员会的职责。芬迪在 2007 年任命教育改革家米歇尔·拉伊（Michelle Rhee）为第一任教育局局长。拉伊推出了一套叫作"IMPACT"的教师表现和评价工具。

"IMPACT"首先为教师提供了"清晰的表现期望"，给教师们设置了具体的目标以及评价这些目标是否达成的方法。华盛顿特区的教师们终于可以收到对自己表现的可行反馈。这就意味着，学校校长可以为那些没有达到表现目标的教师提供包括指导教练在内的帮助。教师工会通过了一份新的劳务合同。根据新合同，教师的工资上涨 20%，绩效奖金也由 20000 美元提升至 30000 美元，但同时工作的保障度下降了。总共有 241 名未能达到表现目标的教师被解雇。仅用了 3 年的时间，哥伦比亚区（District of Columbia）的综合测评成绩中，学生的阅读成绩提高了14%，而数学成绩则提升了 17%。除了为教师制定明确的目标之外，拉伊还采取了更多的改革措施，包括关停表现差的学校，增加早期儿童教育，扩大天才儿童班级，以及开设额外的音乐和美术课。虽然有人怀疑学生的标准测验成绩有造假嫌疑，但无疑的是，为员工设立可实现的具体期望对达成表现目标非常重要。

话又说回来，虽然华盛顿特区的学生成绩可能有运气成分，但我们还可以再看看田纳西州的例子。田纳西州的学生成绩处在全美下游，该州的教师测评有的甚至可以相隔10年之久。正当拉伊在华盛顿特区进行教育改革的时候，田纳西州的教育委员会委员凯文·霍夫曼（Kevin Huffman）（拉伊的前夫）也在该州进行一场类似的改革。田纳西州的教师考核不再仅仅与学生的考试成绩挂钩，还要向模范教师的高期望看齐。如果不知道如何衡量优秀，又怎么能做到优秀呢？

同样也是在为教师设立期望的3年后，田纳西州在2013年度的美国国家教育进展评估（National Assessment of Educational Progress）中是全美各州当中进步最快的。田纳西州四年级学生的数学成绩在全国的排名由第46名上升至第37名，阅读成绩则由第41名提高到第31名。如果要发挥期望的作用，就要将期望设置得具体、可测、可验证，且公开透明。

压力对催产素和信任的影响是非线性的。当肾上腺素和促肾上腺皮质激素适当上升的时候，它们可以刺激大脑产生催产素。催产素可以激励我们寻求他人的帮助来达成期望。但正如大多数生物学现象一样，催产素的生理激发也有着一个倒"U"型曲线。没有挑战，也就没有生产催产素以及向他人寻求帮助的原因。另外，如果挑战带来的压力过大，催产素的合成——以及与他人合作的意愿——也会消失。过于紧迫的压力会让我们切换至生存模式，像实验当中的老鼠一样，蜷缩成一团一动不动，逃避自己的意识。

合理的团队规模

如果想更好地贯彻期望，团队的规模就必须控制在较小的范围。社会生态学当中的帕金森定律（Parkinson's law）就表明："只要还有时间，工作就会不断被拖延，直到用完所有的时间。"古往今来，这一定律放诸四海而皆准。由帕金森定律得出的林格曼效应（Ringelmann effect）：当拔河的人数逐渐增加时，每个人所用的力量反而越来越少，并没达到力量累加的效果。为防止林格曼效应，我们就要做到将每个团队成员看作是活生生的个人，并为每位成员制定清晰的期望。根据任务类型和目标的不同，当团队成员数量超过 6~12 名的时候，每个成员的表现趋于稳定。许多企业的发展壮大都离不开将团队规模控制在较小水平。化学品和纺织品制造商戈尔公司（W. L. Gore & Associates）的每个制造厂的员工不会超过 200 人，每个工作小组的人数都在个位数。谷歌公司各个团队的平均人数也是 9 个。总部在瑞典斯德哥尔摩的流媒体服务平台声破天（Spotify），最基本的组织单位被称为一个"班"，由 5~7 名成员组成，扮演的角色类似自主创业的小团队。每个班都有自己明确的任务和工作重心。

美国的企业租车公司（Enterprise Rent-A-Car）每当现有分店的可租赁车辆到达 150 辆的时候，就会新开一家分店。企业租车公司的每家分店一般不会超过 8 名员工。每个分店的员工彼此熟悉，当然也乐于为同事们实现各自的期望伸出援手。每个分店的经理都有权决定车辆数量、新网点的开设以及二手车的销售。本质上，企业租车将每个分店视作独立的公司，给予分店经理足够的自由来持续盈利。美国《商业周刊》（*Business Week*）就曾将企业租车列为最适合职场新人工作的企业之一，因为企业租车的分店经理有足够的自主权。目前，企业租车是美国规模最大的汽车租赁公司，共有 6.8 万名员工，年收入超过 180 亿美元。

制定达成目标的明确计划

只有每个成员都能为工作建言献策，团队才能取得最优异的表现。可以采用"大家说说该怎么办"这种方式来鼓励年轻员工说出自己的主见。情况允许的话，最好保证团队当中男女各占一半。许多心理学和管理学的研究都表明，混合性别以及包含不同个性的团队有着更好的决策以及创造性解决问题的能力。其中不同个性既包括内向型和外向型，也包括深思远虑和心直口快。不同个性成员融合到一起的队伍，团队的整体智商比成员们的平均智商要高。

在团队成立的时候，第一个小时要用在互相熟悉上。首先是姓名和职位名称。就我个人而言，我喜欢听其他人介绍自己与众不同的方面，哪怕是有些怪癖的特点。这样能更容易地记住这个人的名字。举个例子，在多年前的某次研究生班上，有个叫杰克逊（Jackson）的学生告诉我他脚趾头很大。然后我就问他能不能展示一下他的大号脚趾头，当他真的脱下鞋的时候，整个房间的人哄堂大笑。时至今日我仍然记得他。在团队成员之间分享一些私人的甚至是有些难为情的事情可以建立彼此间的友情和同理心。

接下来要做的就是为项目拟定一份行动计划。行动计划应该明确短期和长期的目标，以及每个人在什么时候应该做什么。这就可以作为一份期望的备忘录。有这个备忘录在手，团队的领导和每个成员都可以看到自己的进度。行动计划还可以让每个人从整个项目周期辨别哪些阶段会是紧要的关头，从而在需要的情况下寻求他人的帮助。飞行员和核电站的技术人员，以及越来越多的内外科医生都在使用备忘录这种做法。因为备忘录是一种确保质量和衡量进度的有效方式。

适当增加挑战的难度

对于那些工作内容按项目划分的组织或企业，项目的周期就可以决定挑战何时结束。挑战的结束既可以是工程完工的那一天，也可以是某一部分工作量达成的时候，但务必保证所有人都知道这些时间节点。不妨把这个日子贴在或写在挂纸白板上。让所有人都专注在如何达成目标上。而对于那些工作内容大致上是持续性的组织或企业来说，应该按照行动来设立期望，而不是根据结果。"本周内每天联系五个潜在的客户"或者是"每天给一位老客户打电话问好"。这些都是需要行动的可以实现的目标。当然了，在设立期望的时候也要有一些创造性，加上一些变化，避免一成不变索然无味。如果设定的目标太容易实现，可以适当地提高一下难度，可以在一两个星期的时间里把难度升上去。

当期望可以转换为整个团队的挑战时，就可以释放催产素。这就是一个在团队成员间建立信任的有效方法。可以用部队来做个例子：军人们一起面对的残酷训练和行动可以在"兄弟连"间建立强大的纽带联系。工作当中的挑战也有着类似的效果。挑战既不可太容易，也不能不切合实际。设立期望的目标在于设计出难度刚刚好的挑战。

克服挑战是一种享受

我女儿11岁的时候，我第一次带她去滑雪。第一次尝试中等难度滑雪道时，她狠狠地摔了一跤，指关节还被冰给擦破了，然后就哭了起来，说再也不想滑雪了。尽管她不断抗议，我还是带她重返到出发点，让她再尝试一次。第二次的时候，她平平稳稳地一路滑到底，一个跤都没摔，到终点的时候满脸都是笑容。她克服了这个困难，为自己的成就欢欣鼓舞。不出所料，她自己又要求再来一次。当我们克服困难的挑战的时候，大脑里面的激励回路就会被激活，给我们带来一种渴望，勇于面对下一个挑战，并再次获得赢得挑战的奖励。

哈佛大学商学院的特雷莎·阿玛贝尔（Teresa Amabile）在分析了不同行业员工的1.2万份日志之后发现，取得目标进展是工作当中最为重要的动力。有多达76%的员工认为自己工作当中最好的时光是实现期望的时候。她还发现，有43%的员工认为团队成员互相帮助的时候是美好的时刻。意外的发现是，当取得工作上的进展时，员工们的心情也会改善。这也是关于期望的神经科学实验向我们所展示的：克服挑战是一种享受。此外，由于心情可以传染，所以当某位同事或某个团队达成期望时，也会给其他人和其他团队带来积极的影响。期望的达成可以带来工作的乐趣。

设立了具体的期望之后，上级主管的每周反馈也非常有必要。将长远的期望拆分成每周的任务，如此领导者可以衡量何时需要寻求另外的资源、人力或是培训来实现目标。每周例会应当从指导工作的角度出发（第四章当中会进一步介绍）。我喜欢问："我能做些什么来帮你实现目标？"而得到的回答往往会让我吃惊。有的人会说"我很好"，也有的人会说"这个项目我做不了"，还有人会说"我团队的工作不够有效"。既然发现了问题，就要立即采取行动，消除瓶颈制约，继续上升势头。

每天碰个头也很有必要。"你的项目怎么样？"和"我能帮上什么忙吗？"这样的问题才是关键。在许多企业和公司，包括康泰纳公司、生产天然清洁产品的麦萨德公司（Method）、第一资本金融公司（Capital One）和丽思卡尔顿酒店（Ritz-Carlton）等，日常检查就是一个简短的碰头会。如此不仅节约了大家的时间，还能集中解决最重要的问题。如果某位同事需要帮助或是指导，上级主管可以及时了解情况，并尽可能提供必要的资源和帮助。大家讨论的重心应该放在手头的工作——今天需要做些什么——以及昨天的经验和教训上。在每天的碰头会上，要多和大家眼神交流，并尽量不使用任何电子产品，除非是要借助电子产品和同事远程联系。关键在"我们"，而不是"我"或者"你""你们"。碰头会也能加强期望。

在此需要提醒大家的是，在项目进行期间，一定要提醒自己不要将期望调整起来没完。大量的大幅度调整会引起员工的慢性压力，并降低敬业度。管理者既要提供清晰、难度适当以及可以实现的期望，又要当好团队成员身边的教练员，发挥指导和帮助的作用。

收集反馈信息，灵活调整目标

对期望进行跟进可以采用一种既简单又公开的方式："开始——停止——继续。"在每周的全体人员会议上，分析一下取得的进展、对本组织或企业战略的重要性，以及实现目标的可能性。这一简单的方式其中包含着贝叶斯修正（Bayesian updating）的智慧，不断将新获得的信息融入决策过程当中。有时候，本周目标没有实现可能意味着整个项目都需要先停一停。如果你已经用尽了办法而团队仍没取得进展，这时与其一条路走到黑，倒不如先搁置一下。包括网飞公司（Netflix）在内的许多企业都一直在采用"开始——停止——继续"这样的方式来对项目进行评估。

如果团队成员们认为手头的项目应当继续，但同时又面临很大的瓶颈，这时候更换团队的领导或是成员往往就可以恢复积极良好的势头。出于多种原因，有时团队已经做出了最大的努力，可是依然没有取得成效。既然团队可以定期组建和重组，那么员工们自然也期待可以定期更换工作小组。这是一种对员工进行多种能力培训的宝贵方式，也是对员工个人成长的一种投资（第八章中会继续讨论）。成员们应当了解，自己正从事的项目不仅仅是自己个人的目标，还与整个组织或企业的成功息息相关。如果项目没有进展，那么组织或企业的实力就会被削弱，改变也就势在必行。

Halogen Performance、SuccessFactors 和 Cornerstone Performance 等软件产品可以帮助我们更好地设立清晰期望、提供反馈以及目标实现后给予喝彩。这些软件可以提醒骨干成员设立期望，指导团队成员以及每周的一对一交流，还可以将员工的个人目标与组织或企业的总体目标联系在一起，促进公开性（详情参见第六章）。借助这些软件的自动化方案，管理者和员工不用费尽心思记住自己的所有任务，还可以及时快速地提供虚拟反馈。这同时就要求领导者将期望设定得具体一点，并且公布达到成功之前的重要节点。通用电气公司（General Electric）开发了一款叫作"绩效发展（PD@GE）"的应用，来帮助主管人员对直接下属进行指导。管理人员应当经常性地与员工进行互动讨论，指导和帮助他们实现目标及自主获取反馈。不同于通用电气公司的旧时代了，现在这种管理方法是基于行为学上的正强化，而不再是基于恐惧。

加班会降低绩效

认真留意身边的员工们有没有慢性压力的征兆，如果有的话要及时干预。慢性压力的征兆包括：在办公室待的时间过长、体重变化、离群索居，还有喜欢大半夜发一堆电子邮件等等。这也正是为什么每周例会和一对一交流如此重要。如果某位员工看起来正在遭受慢性压力，询问一下。必要的时候可以建议他或她休息一段时间。也可以通过引入额外的人力或资源，来缓解员工身上的紧张压力。含糊不清或不可能实现的期望则会引起员工的慢性压力，阻碍团队间的协调合作。

波士顿咨询公司（Boston Consulting Group）提出了一种慢性压力的提醒方式，称之为"红色区域（the red zone）"。如果员工连续五个星期的周工作时间都超过 60 小时，其主管就会收到一张红色卡片。如果这种超负荷工作量是暂时性的，主管就可以在检查过后移除红色卡片。而如果工作过度是持续性的，主管就可以将该员工负责的一些项目分派给其他同事，从而帮助该员工减轻工作负担，将工作量维持在合理水平。波士顿咨询公司的这种方法既让人认识到在完成项目的过程中难免会需要长时间的工作，又提醒我们，为留住最优秀的人才并且保证他们最佳的工作状态，就不能让挑战带来的压力演变成慢性压力。

皮格马利翁效应

皮格马利翁效应（Pygmalion effect）就是指为实现某一目标的渴望。在一项经典研究里，主管告诉随机选择的员工说他们"很棒"，如此便提高了对他们表现的期望。3~12 个月过后，自由评估人的评估结果显示，这些普通员工当中，有许多员工真的变得更为优秀了。针对以色列国防军和美国海军候补军官，以及重工业行业员工的研究也证实了皮格马利翁效应的存在。在这些研究当中，12%~17% 的普通候补军官或员工因为皮格马利翁效应而表现优秀。研究人员还发现，优秀的人还会提升周围人的表现，如此增强了合理挑战性的期望所产生的作用。

有些公司通过职位名称来设立期望。塔可钟（Taco Bell）将自己店里的厨师称为"厨师冠军（Food Champions）"，收银员则被称为"服务冠军（Service Champions）"。迪士尼公司则有自己的"幻想工程师（Imagineers）"和"演艺人员（Cast Members）"。星巴克有自己的"合伙人（Partners）"。苹果公司（Apple）也有自己的"天才（Geniuses）"。通过这种方式，员工对自己的身份认同自然而然地就带着对追求卓越的期望。"你是做什么工作的？""我是一名苹果天才。"带着这种职位名称的员工需要为顾客提供最优质的服务，否则就对不起自己头上顶着的闪亮头衔了。我曾经采访过一位 20 岁的迪士尼演艺人员，他的工作是清扫垃圾。我询问他是否享受为迪士尼工作。他回答说自己"很高兴有机会每天让人们开心"，而且即使 20 年后也愿意留在迪士尼工作。迪士尼乐园号称自己是"世界上最快乐的地方"，而这个目标已经内在于每名员工的期望当中，让游客们享受到最为极致的快乐。

相反的效应同样存在，被称为格莱姆效应（Golem effect）。如果领导者表示或暗示团队的成员不称职或是懒惰，大家表现不好也就不出所料了。上高中时，我曾在一家加油站工作。上班第一个星期，我问另一位同事，当没有顾客的时候应该做些什么。他的回答？"坐着歇着呗。"然后我就按他说的做了。如果为员工设立的期望过低，员工们是不会超出你的期望的。

皮格马利翁效应的实现离不开培训和信任。简简单单的"你真棒"是不会收效的。想要掌握并利用内在激励的神经学原理，既要为员工设立高期望，也要培养他们达成高期望的能力。达成期望之后的喝彩不仅可以强化期望的效果，还能强化大脑学习回路的反馈。

每个人都应该为自己的任务负责

加拿大皇家银行（Royal Bank of Canada）的经营形势在 2004 至 2005 年间迎来了突然的好转，正是因为该公司成功运用期望提升了业绩。2004 年前，加拿大皇家银行这一加拿大本国最大的银行陷入发展停滞，不仅是在经营结构上，财务状况上也是如此。各项决策久拖不决，各分支机构各自为战。首席执行官戈登·尼克松（Gordon Nixon）采取了一系列的文化变革，以确保加拿大皇家银行执行力与目标间的契合。他首先采取的措施就包括为每个分支机构设立具体的期望。在银行的各个业务方面都建立了共同的目标，由此各分支机构可以同心协力实现银行的整体目标。为了充分发挥期望带来的积极作用，每家分支机构都要起草一份章程，以保证期望和责任的公开透明（公开透明的重要性将在第六章中详细讨论）。在每份章程中，一个关键的要素就是要张开怀抱迎接挑战，而不是躲避挑战。这些变革奏效了。至 2007 年，加拿大皇家银行的全体员工都全身心投入到了达成期望上，财务业绩处于同行业顶尖水平。

日本的丰田公司（Toyota）也成功地通过改变期望实现了收入的激增。通用汽车（General Motors）在加利福尼亚州弗里蒙特市（Fremont）有一家组装厂，连续数年都受困于生产率低下、生产车辆质量低劣，以及接连不断的罢工。通用汽车无力解决这些问题，只得在 1982 年关闭了这家工厂。根据美国汽车工人联盟（United Automobile Workers Union）的数据，通用汽车在弗里蒙特市工厂的工人被认为是“全美国汽车行业中最差的劳动群体”。

丰田公司于 20 世纪 80 年代开始与通用汽车合作。弗里蒙特市的原通用汽车组装厂也得以重新开张运营，管理团队来自丰田，组装厂也被更名为新联合汽车制造公司（NUMMI，New United Motor Manufacturing Inc.）。原来的大部分员工都被重新雇用，并接受了丰田生产系统（Toyota Production System）的培训。这是丰田公司在北美地区开设的第一家制造工厂，也是不断完善的丰田式管理模式第一次运用到除日本人以外的国家的人身上。丰田公司的资料显示，高管们曾怀疑丰田生产系统是否适用于美国人。

丰田公司针对质量和生产率制定了具体的期望，每名员工都知道，只有全部期望都达成，这家工厂才能存活下去。工人们并没有排斥这些目标，而是欣然接受。在丰田接管这家工厂之后，缺勤率由通用汽车管理下的近20%下降到了2%。丰田的管理者们允许员工只要发现一处缺陷，就可以停止生产线运行，以此展现了对员工的信任。丰田的一条重要价值观就是"尊重员工"，将员工放在首位。举例说，之前通用汽车会在销售额下降的时候定期解雇员工，但丰田却是先从其他方面削减开支，包括降低主管的报酬，万不得已的时候才会解雇员工。管理人员在尽到各项职责的同时还要切实履行自己的承诺，建立相互信任。

新联合汽车制造公司的高期望文化带来了切实的成效，单辆车的组装时间由通用汽车时期的 31 小时降低至 18 小时。每百辆车故障率也由 135 下降至 45。情况的好转离不开高期望和员工与主管间的不间断反馈。确实如此，每当生产线上的员工拉下安灯挂绳以停止生产线运行并解决问题的时候，主管们都会表示庆祝。

建立一种信任的文化，意味着每名员工都可以对自己的任务负责。问责制的实施则要通过期望。而如果有员工没有完成任务，领导者需要查找原因，并保证问题不会复发。

用工资调动显性动机，用期望调动隐性动机

读者可能已经注意到，我还没有将工资与期望联系起来。这是我有意为之。最近有一份调查显示，管理者认为 89% 的员工离职是因为工资的原因。可为了更高的工资而跳槽的员工实际上又有多少呢？12%。工作并不仅仅是因为工资。诚然，员工需要工资，但他们不会因为金钱而把自己的激情奉献给工作。

工资应当尽可能地与表现脱钩。明尼苏达大学（University of

Minnesota）的凯瑟琳·沃斯（Kathleen Vohs）与同事的研究表明，如果员工的心思都在钱上，合作的意愿就会显著降低。建立一种高信任度的文化就是要运用每名员工的内在激励机制来共同努力实现目标。其行动的纲领是"让我们来共同面对"。

衡量每名团队成员所做出的贡献对于决定期望是否达成诚然重要，但组织或企业的成功需要每名员工在团队间的有效合作。从360度绩效评估（360 evaluations）等评估方法来看，往往每位团队成员都能提供可以创造价值的信息。但是为了突出团队合作的重要性，工资的调整应当以整个组织或企业的成功为前提。这就不符合仅仅依靠金钱激励的"按劳取酬"工资结构。通过为整个团队设立期望，让员工理解良好的表现可以带来额外的奖励，如此可以调动员工的隐性与显性动力。

实际上，只要适当的绩效薪酬就可以激发员工的内在动力。这一发现是在我实验室的实验当中得出的，由当时的博士后研究生薇罗妮卡·亚历山大（Veronika Alexander）完成。她测量了受试者在完成40遍工作任务时的神经活动。首先，受试者被分配了三种不同的待遇：每项正确完成的任务可分别获得50美分、75美分和1美元。接下来就是该实验让受试者不开心的地方了。薇罗妮卡告诉受试者，大部分人在完成实验后都可以得到20美元。简单计算一下，待遇最低的受试者需要正确回答所有问题才能得到平均的报酬。中等待遇的受试者则只需要正确完成70%就可以，而待遇最高的那一组只需要完成50%就能拿到平均报酬。

如果报酬太低，积极性自然会大打折扣。正如20世纪80年代的超模琳达·伊万格丽斯塔（Linda Evangelista）曾说："没有1万美元我连床都懒得起。"但是，如果每完成一项任务都能获得大量的钱，人们就会只为了钱而工作，而不会去追求完成任务的内在激励。

那么三组受试者当中哪一组的表现最好呢？中等待遇那组完成任务的正确率是72%，而待遇最低与最高的两组的正确率分别是63%和

64%。神经数据可以解释这背后的原因。通过测量心率得出的唤醒（根据环境心理学的唤醒理论，个体活动空间逐渐缩小时，其唤醒水平随之上升。当个人活动空间缩小使之感到不便或困难时，就会产生攻击行为），在待遇最低与最高的两组中处于高水平，而待遇中等那组处于中等水平。这些数据表明，待遇最低那组的受试者因为试图达成几乎不可能的完美目标而过度紧张。挑战给他们造成了过高的压力，因为他们所面临的期望是不切合实际的。待遇最高的那组同样压力过大，只不过是出于另外的原因。他们将所有的心思都放在了外在的显性激励上：由于完成每项任务的报酬很高，他们付出了过多的精力用来完成任务，为的是获得报酬。过高的报酬反倒给他们的表现带来了不良影响，因为他们一心都放在了钱上。在待遇中等的那组中，受试者看上去可以平衡处理克服挑战带来的隐性动力以及得到一份可观报酬的显性动力。他们的唤醒处于中等水平，表现则是高水平。

心理学和生物学的许多研究都发现了这种"金发姑娘原则（Goldilocks）"：过低不好，过高也不行。这种现象又被称为耶基斯－多德森定律（Yerkes-Dodson law），动机强度和工作效率之间是一种倒 U 型的曲线关系。最理想的关系在中间位置：在工作当中给予员工适度的挑战，并且支付合理的报酬。如此可以同时利用员工的隐性和显性动力。这种理想的方式与本章之前所讨论的催产素水平与挑战压力之间的倒 U 型曲线不谋而合。这就是设立期望的艺术：设立虽然困难但却可以实现的挑战，并给予自主工作的员工合理的报酬。在具体实践中，要不断对这两个因素进行合理调整。

出乎员工意料之外的奖励并不属于简单粗暴的"按劳取酬"。作为喝彩的一部分，提前或是在预算之内完成任务的员工得到的奖励不仅合情合理，也将会是非常好的激励因素。但如果每完成一项任务都能获得奖励的话，那么员工只会在意外在的显性动机，从而阻碍团队合作的社会动机。

有时候，隐性和显性的动机并不足够。如果期望接连落空，而且改进措施也未能提高员工实现期望的能力，该员工和其他团队成员都会面临崩溃的边缘。应当利用每周的一对一谈话讨论期望落空的原因。比方开始的时候可以说："看起来你在实现目标方面遇到了问题。我能帮些什么？"如果这样也不能奏效的话，我就会和员工探讨为什么这个职位可能不太适合这名员工，然后我能如何帮助他或她找到一份更加合适的岗位。既然每名员工的期望都是清晰明确的，解雇那些没能达成期望的员工就不会让任何人惊讶。如果这名员工确确实实在工作中付出了努力，我会利用自己的人脉帮他或她找一份新工作。我们的眼光要放长远一点：也许将来有一天我们会在另一家公司的某个项目共事，又或许这名员工在接受培训后又回我们公司工作。如果要解雇某个人，我想要达到的是让他或她主动提出请我吃饭这样的效果。为什么呢？这名员工的烦恼在于不能达到期望，而我正好可以解除他或她的这个烦恼。烦恼解除了，人自然会感到高兴。

将工作内容游戏化处理

在苏联对德国柏林长达一年（1948—1949 年）的封锁期间，志愿者们不分昼夜从西柏林向东柏林空运食物和物资。该项行动由威廉姆·H. 特纳（William H. Tunner）少将指挥。这种每天躲不掉的苦差事很快降低了大家的士气，行动效率也越来越低。为克服这一困难，特纳将每天的期望设成一种竞赛的方式。各小组之间互相竞争，看哪组卸货的速度最快。所有的团队一起用美餐来为获胜者庆祝。因为这场竞赛，人们给特纳将军起了个绰号："大吨位特纳。"他成功地将一件苦差事变成了一种游戏。

现在，将工作游戏化是一种越来越流行的设立期望的方式。尽管有些人认为这种做法是新时代的泰罗制（Taylorism，泰罗在 20 世纪初创建的科学管理理论体系，认为企业管理的根本目的在于提高劳动生产率，而提高劳动生产率的目的是为了增加企业的利润或实现利润最大化的目标），是有害无益的。但是在许多将工作游戏化的企业和组织当中，员工的精力和敬业度都得到了提升。将工作游戏化的关键在于，工作应当像玩"开心消消乐"一样，既有着清晰的目标，每次通关之后还能得到喝彩。第二章介绍了美捷步公司的例子，美捷步员工收到的"美捷步元"就可以很好地量化了员工提供帮助的重要性。这就是将工作游戏化的一个简单例子。

将工作游戏化最好的实践是在培训和认证项目当中。很多培训的知识灌输过程索然无味，让人昏昏欲睡。如果获取专业知识的过程可以变得有趣，就能吸引员工更好地参与，甚至是期待接受培训。现如今，《福布斯》全球 2000 强企业榜单中，有 70% 的企业都利用将工作游戏化的方式来提高员工的敬业度。美国宾夕法尼亚大学沃顿商学院的教员们通过试验发现，将工作游戏化可以改善心情，但却不一定会增加生产率。他们在实验当中的一个发现值得我们注意：只有主动选择参与到游戏当中的员工才会得到情绪激励作用。被迫接受游戏和被迫做其他任何事没什么不同——多有趣的游戏也不会让人感到有趣。

将工作游戏化也有可能会适得其反，尤其是有些组织或企业用物质激励细小琐碎的任务。此时员工的适应性和创造性都会大打折扣。此外还要注意不要让员工在游戏化过度的工作中失控，并避免上级对工作生活的控制忽视现代企业的流动性。从细小琐碎的任务到微观管理只有一步之遥。如何避免微观管理呢？接下来的第四章会进行讨论。

周一清单

· 将共同愿景化为有一定难度但是可以实现的每周行动。

· 设立一块挑战公示牌，写明对各个团队的期望。

· 将领导者培训成善于运用每日碰头会和一对一谈话的指导者。

· 由低到高，适当调整挑战的难度。

· 在目标实现后，组织"喝彩"以及项目总结。

CHAPTER

第四章

打破部门壁垒，实现高产

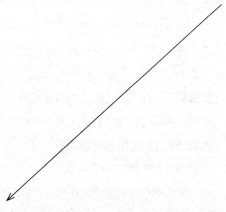

　　部门壁垒高筑会造成不同部门之间无法有效地共享信息、资源和技术，交叉地带会出现管理黑洞，导致企业无法快速地感知外部环境的变化，因此降低了生产效率及抵御风险的能力。

作为管理者，应当了解组织或企业的方方面面，否则这个位子也轮不到你来坐。既然如此，不管发生什么样的情况，管理者都是员工的咨询对象。

这样就可能会引发一个问题：如果一个组织或企业的所有问题（往往还是人的问题）都要仰仗领导者来解决的话，领导者往往就不能专注于作为领导者最重要的职责——设计并实施组织和企业的长期发展战略。此外，微观管理还会夺走员工在项目当中的"主人翁"地位，因为员工并不能选择自己的方式来完成该项目。第三章当中曾介绍，当员工得到挑战和至少每周一次的反馈的时候，他们的个人表现才会最佳。如果再往深处想一想的话：为什么要等一周呢，每个小时的反馈会不会更好呢？那可就是泰勒主义所引中出的微观管理了。这种管理方式往往并不会起到良好的效果，因为它让员工失去了控制自己命运的能力，也限制了员工去做任何日常工作之外的事情。

花旗集团在 2014 年的一次调查显示，将近一半的员工愿意放弃 20%的加薪来换取更多的高产。既然员工有对高产的需求，作为管理者应当如何满足呢？本章当中就会向各位读者介绍如何在维持清晰期望的同时激发员工的高产。

2005 年，美国威斯康星州一家生产工业自动化设备的制造厂破产。尽管这家制造厂在工业自动化设备这个较小的市场当中拥有稳固的客户群，但是其盈利能力却不均衡。2005 年下半年，这家制造厂被贝瑞·威米勒集团收购，后者曾在第二章当中出现。这家制造厂虽然是贝瑞·威米勒投资组合的一个补充，但当时的管理相当不善。

　　当新的管理层接手的时候，这家工厂已经关门大吉了。新任管理层接手后做的第一件事就是召开全体员工大会，并在会上自我介绍以及宣布领导层的目标。之前的员工都可以留任，工厂的名字也不会变，并且还会继续留在当地的这个小规模社区。贝瑞·威米勒集团想要做的是改变这家工厂的企业文化，从而实现可持续的盈利。新任管理层邀请员工描述一下这家工厂的优点和缺点。当员工一个一个地说出自己想法的时候，管理层都会在旁边认真做笔记。后来轮到了一名在这家工厂工作了27 年的机械师，这里姑且称之为乔（Joe）。乔当时 50 多岁，对自己的工作了如指掌。他在为提高生产效率逐条提出建议时不由自主地哭了起来。

　　整个房间都沉默了，而乔也慢慢平复了自己的心情。他接着讲道，他刚来这家工厂一年时就对自己的领班提出了上述一些建议。那时他就发现某产品的生产流程可以减少一些不必要的步骤。乔对他当时的领班问道："我们能不能这样改进呢？"可是领班却答道："我们给你发工资不是让你来想这想那的，你只不过是个干活儿的。赶紧回生产线上去。"从那之后，乔再没提过一次建议。26 年之后，终于有人愿意听取乔对他无比熟悉的生产流程的建议了。

包容性和多样化

　　高产是针对许多组织和企业当中的泰勒主义传统延续的一剂良方解药。如果员工对如何完成某个项目有合适的技术和经验，他们可以通过高产来以主人翁的姿态对待项目的执行和结果，从而全身心地投入到满足期望当中。不可避免的是，员工执行项目的方式可能会与主管想要的方式有着些许不同。只要项目能够完成，而且没有灾难性的事故，员工的这种行为就应当得到鼓励。

设立期望绝对是不可或缺的，因为只有这样才能保证目标的清晰。而在此基础上，如果员工能得到高产的信任，小创新自然就会出现。古驰（Gucci）集团前任首席执行官罗伯特·波雷特（Robert Polet）称之为"框架内的自由"。这就可以让员工尝试自己的新主意，并向组织或企业当中的其他人学习，尤其是其他部门的同事。通用电气公司前任首席执行官杰克·韦尔奇（Jack Welch）称之为"无边界组织"，其中创新不断涌现并广泛分享。

高产是一个进化过程，体现了变化和选择。设立的期望应当既有难度又可以实现，从而激发创新，高产则允许在实现目标过程当中有适当的变化。进化过程当中的"选择"则是通过庆祝胜利以及分享胜利过程的喝彩来实现的。项目的总结需要正式记录，并且分发至有关各方，这样他人才能学习项目过程当中的创新之处。如果团队在达成目标过程当中延续了之前的做法，只要流程有效高效，那就没问题。有时足够好就够了。美国的航空安全报告系统降低了 95% 的航空安全事故，每 10 万英里的事故数从 1975 年的 53‰降低至 2008 年的 2.5‰。这就是因为降低了飞行方式的变化。每发生一起航空事故，该系统就能为行业标准的提升提供鲜活的依据。工作执行过程当中出现的问题也可以提供同样的学习机会。

风险管理措施要贯彻始终

1924 年至 1932 年在霍桑工厂（Hawthorne Works）进行的管理实验是世上最为著名的管理实验之一。霍桑工厂是西方电器公司（Western Electric）的一家设备制造厂，位于美国伊利诺伊州芝加哥附近的西塞罗

（Cicero）。工业心理学家们对照明、班次时间和休息时间分别进行了小小的改变，对员工进行观察并测量生产率。他们发现，每一次改变，包括改变之后回到之前状态，都能提高生产率。大多数学者认为这一结果可以理解为观察者效应，人们往往称之为"霍桑效应"。也就是说，只要员工在工作时旁边有人观察，生产率就会上升。作为社会性生物，我们乐于成为值得重视的团队中的一员，因此我们工作也会更努力一点。喝彩当中的总结环节就可以引发一种霍桑效应：发现问题就可以减少问题，鼓励改进就可以继续改进。

对于员工犯下的错误，可以通过培训（既可以是正式培训，也可以是同事间的交流）和监督解决。风险管理措施必须贯穿始终。不管怎样，错误总是难免的。重要的是认真总结教训，避免再犯。有时，错误也值得"喝彩"。包括为用户提供体验设计的惊喜实业（Surprise Industries）、班杰瑞冰淇淋（Ben & Jerry's）、达摩资本管理公司（Daruma Capital Management）和维尔福软件（Valve）软件在内的许多企业都会定期举办"喝彩"来"庆祝"错误，当然主要在于"庆祝"从错误当中汲取的经验教训。不妨试着每个月举办一次"祝贺你搞砸了！"这样的喝彩。犯错过快，犯错过多，这都没关系。舔舐完伤口后还可以继续大胆创新。职业社交网站领英通过讨论之前犯下的错误来考虑下一步的冒险。领英认为，"聪明的冒险（Intelligent Risk）"的收益概率是亏损概率的3倍，也就是非常有可能获得收益，且符合对其他风险项目的投资组合。聪明的冒险就是明智的选择。

期望一旦设立，主管就可以每周从该员工那里获得正式的反馈。而每天的碰头会不仅可以作为补充，还可以带来高产。就像运动员在赛前集合听取教练指示一样，充分利用高产的组织或企业当中，主管所扮演的角色更像是教练，或者是顾问，而不是包办一切的独裁者。运动员在场上认为有地方需要改变的时候怎么办？当时是及时和教练沟通了。改变有时可能奏效，而有时也可能失败。最好的学习是通过犯（小）错，因为这样的经历在大脑中的印记比简单的说教更为深刻。没有犯错，何谈创新？对待员工，既要提供充分的培训，又要给予足够的信任。

让信息上下流通

　　企业破产的背后有很多原因，但其中两个尤为突出。首先，企业的管理体系违背了人的天性：员工希望在企业中享有自己的发言权。其次就是企业经济体系的设计。信息的流通只是单向的，从企业高管和他们制定的生产计划到他们以为热情高涨的工人。当人们对企业的热情冷却之后，企业管理者们采取了强硬严苛的措施，强迫员工服从。与之类似，那些强迫员工服从的管理者也陷入了同样的陷阱：他们违背了人类渴望自主权的天性，也限制了高产所能带来的自下而上的信息流动。

　　威斯康星州被贝瑞·威米勒集团收购的那家工厂，在被收购之前，生产的内容和方式全由穿着白衬衫的管理人员决定。而穿着蓝色衬衫的员工则被当成是如果监管稍微放松就会偷懒的懒汉。"白衬衫们"总以为，只要有机会，"蓝衬衫"就会顺手牵羊。在被贝瑞·威米勒集团收购之前，这家工厂的备品备件室的入口被一道上锁的金属门拦住。如果需要备品备件，员工必须找一位经理来给他们开门，并且自进门到取完备件出门都得有人陪着。这可是一家制造厂，也就是说几乎每天都要用到备品备件。上锁的金属门不仅降低了生产率，更向员工传达了一种不被信任的感觉。

　　贝瑞·威米勒集团在收购这家工厂之后首先就拆掉了这个带锁的门。新任管理层明确传达了一种信息，那就是工厂所有人都应当同舟共济：想要让工厂存活下来，所有人都应当齐心协力，发挥主人翁意识来提高生产效率。无论是谁，只要需要备品备件就可以随时去取。无论是谁提出提高生产率的想法，都值得一试。

高产可以赋予员工做出选择的权利，而这正是创新所不可或缺的。但同时，高产也意味着员工难免会犯一些错误。这也是其复杂之处。如果大家不尝试改变，改进又从何谈起呢？但是往往领导者很难具备将犯错当作是学习过程一部分的眼光。这就要引起管理者的重视：想让自己的企业从不犯错，也就意味着拒绝创新的文化。工作一线的员工往往能看到高高在上的管理者所看不到的东西。彼得·德鲁克就曾写道："改进是从来自一线的反馈开始的。"

能否实现创新不仅在于任务的困难程度，也在于领导者如何对待员工做出的改变。尽管我们总是说犯错也是一个学习过程，但是在大多数组织或企业当中，犯了错就要受惩罚，只不过有时是显性的，而有时是隐性的。能合理对待犯错的企业文化，会影响人的大脑对新信息的处理，并让新信息成为创新的契机。大脑意识到犯错之后，首先会激发警报系统，脑干深处释放少量的多巴胺。这种化学信号会提醒我们需要注意。多巴胺又会激发额叶脑区中的前扣带皮层，让我们意识到"我看世界的角度出了问题"。当我们的大脑发现想要的事情并没有发生的时候，就会意识到犯了错误。当下一次我们进行同样的任务时，就会完成得更慢一些，因为我们的大脑需要修正从"A"到"B"的认识。

这就是企业文化发挥作用的地方。我们的多巴胺回路强迫我们从犯错中学习。如果老板在我们犯错后大吼大叫，我们大脑当中对犯错的认知系统就会将犯错等同于惩罚。长此以往，结果便不难预料：员工们会掩盖自己的错误来逃避惩罚。而当你发现犯错或是对新花样的尝试失败时，如果老板对你表示赞许，你大脑里面的学习回路就会在犯错和社会认同之间建立一个积极的联系。建立一种欢迎并赞许在犯错中学习的文化，会直接影响员工大脑中的激励机制，让他们将打破陈规做出改变当作一种享受并且强化记忆。

许多关于对员工不同程度监督的实验都证实：微观管理会抑制创新。一项研究当中，赌场员工得到了"严格"或"松懈"的监管，结果显示，不断的监控会抑制员工的学习过程和创新能力。事实上，在严格的监控下，员工没有做出任何创新的举动。

杰夫·贝佐斯（Jeff Bezos，亚马逊网络购物中心缔造者）就鼓励自己的员工通过犯错来学习，在许多改进措施失败的时候也坦然接受。他曾经说过："如果你想做出大胆的选择，就要把它们当作是试验。既然是试验，你就不能预料它们是否会奏效。试验难免会失败，但是只要有少数的特别成功，就可以抵消许多多的失败……亚马逊公司一次次的失败最终带来了数十亿美元的收入。"

"试一试"的观念对于高产来说至关重要。一线的员工对于他们所做的工作掌握最丰富的信息，而高产就能使他们能够利用这些信息进行创新。确实，几乎所有的创新都来自一线。哈佛大学商学院通过分析皮克斯动画工作室（Pixar）等能够持续不断创新的公司发现，所有的这些公司都具有高产的文化。当员工们能够向既有现状发起挑战的时候，就会有更多的试验和学习。而那些强迫员工去创新的公司则往往达不到想要的结果。创新从根本上来说就是和专制和权力主义格格不入的，只会随着高产出现。

第一负责人至关重要

在我的实验室当中，高产是通过称呼的运用来实现的。每个项目都有个"第一负责人"，或者称之为领导者。丰田生产系统当中也用到了这种管理方式，其中的第一责任人是总工程师，或"主查（shusa）"。每一个新项目的第一负责人都会得到公开任命，而且团队也围绕该负责人建立。第一负责人掌握该项目的所有权，可以便宜行事。上级主管会给第一责任人设立清晰的目标，并通过周会和每日碰头会提供反馈并视情况提供人手和资源。除鼓励创新外，犯下的小错也会得到赞赏。项目完成后，我们会组织喝彩来庆祝胜利。在喝彩的过程当中，我们还会进行项目总结，来探讨哪些工作比较顺利，哪些环节出了问题，以及该团队的经验有什么值得借鉴之处。

正如第二章当中所探讨的，项目总结需要在项目结束后不久进行，这样才能让大脑将项目当中的经验与达成的目标相结合。作为团队一员的挑战压力会刺激催产素的释放，提升有效的团队合作。

这种做法被许多高风险组织或企业采用。我曾随美国陆军参加了在加利福尼亚州南部山区进行的例行训练，被士兵们在高产和错误最小化之间取得的平衡所深深折服。每次袭击演练之后都会立即组织一次总结。所有士兵，无论军衔，和参观访问的学者都需要讲讲自己发现的问题。指挥官会要求人们列举三个好做法和三个待改进之处。总结当中的讨论是对事不对人的，关键在于如何提高在变幻的环境当中的执行力。参加过战争的老兵也会结合自己以往的战斗经验来为总结锦上添花。

新想法的产生和检验

通过神经科学，我们可以知道为什么在挑战当中更容易出现创新。我们的大脑可以说是一个非常"吝啬"的器官。它仅占我们体重的约3%，运行起来却要消耗全身20%的新陈代谢能量。为了更好地利用有限的能量，大脑会试着将高重复性的工作自动完成。这也是为什么我们可以一边开车，一边和别人谈话、听收音机和接听电话。这种状态下的驾驶可以看作是自动完成的，直到前方车辆踩下刹车，而我们需要集中所有的注意力来避免碰撞。高产就像是把车的方向盘交到了员工手中，当领导者设立有挑战性的期望时，员工会自己瞄准目的地，并计算到达目的地所需要的速度。而当项目来到关键期的时候，就好像前方车辆的刹车灯亮起一般，员工可以更有效地调动自己的认知资源，而不是漫不经心地服从命令。

诚然，相较于按部就班的工作，高产需要员工付出更多的努力。但是高产可以更好地调动员工的认知资源，这种现象被称为心血辩护（effort justification）。美国斯坦福大学的心理学家埃里奥特·阿伦森（Elliot Aronson）和美国陆军的心理专家贾德森·米尔斯（Judson Mills）于1959年进行的实验当中，在加入讨论组之前经历过尴尬局面的受试者感觉与讨论组其他成员间的联系更为紧密。后续的实验当中，随机编组的受试者会接受不同程度的电击（现在肯定没人敢采取这样的实验了）。相较于接受轻微电击的受试者，那些接受电击强度最大的受试者对自己小组的认同感更高。高期望下的辛苦团队工作就像电击一样，可以帮助员工更好地投入到工作当中。作为管理者，只需要设立困难但却可以实现的期望，剩下的事交给下面团队去完成就可以了。

列奥纳多·达·芬奇（Leonardo da Vinci）称得上是史上最伟大的实验者之一。他通过不断尝试新事物并对结果进行评估，在许多领域都颇有创新。高产可以让组织或企业当中的每一员都成为达·芬奇。为了将创新系统化，达·芬奇总结了探索的七大原则，其中一条他称之为“论证”（dimostrazione），是通过经验检验知识，并在犯错中学习。既然这一条对达·芬奇有用，想必其有效性就毋庸赘述了。高产可以让每名员工不断对流程上的改进进行检验，而且风险有限。如果新方法并不能带来改进，回到之前的状态就可以了。

年轻人的创造力

往往经验较少的年轻员工才是创造力的主要来源。想必每个人年轻的时候都做过一些蠢事，但其中一些蠢事有可能带来了成功。年长的员工经验更为老到，这就意味着他们很少偏离按部就班的正轨去做出改变，不管改变是好是坏。我们应当鼓励那些年轻的员工试验自己的想法，看看能取得什么样的效果，因为某一领域的"专家"并不能总是想出最具创新性的想法。这里可以举一个再恰当不过的例子。2004 年，美国国会通过决议，到 2015 年之前美军三分之一的地面车辆要实现自动驾驶。刚开始的时候，汽车制造商巨头们就得到了生产自动驾驶车辆的资助。可是 5 年过去了，美国政府也提供了大量的资金，但是一直没取得像样的进展。于是美国政府决定改变策略。美国国防部先进研究项目局面向全社会公开悬赏，只要自动驾驶汽车在 10 小时内完成莫哈维沙漠的一段路线就可以赢得 100 万美元的大奖。两年后，一个由斯坦福大学工程专业学生组成的团队赢得了这项挑战。他们仅比卡内基·梅隆大学团队少用了 11 分钟。还有另一个类似的例子。2012 年，加拿大多伦多大学的两名研究生成功实现了人力直升机的第一次持续飞行。反观功成名就的工程师都认为人力直升机是不可能实现持续飞行的。这两位年轻人打破了他们并不知道存在的规则，实现了令人叹为观止的重大突破。

通过单环学习，可以实现渐进式改进。这种方式对工作流程或是产品的改进是通过改善现有技术。根本性改进则要通过双环学习，对产生结果的机制的基本假设不仅面临着不断的质疑，有时还要被全盘抛弃。双环学习甚至还会质疑为什么需要创新，关注的往往是"我们为什么要做这个"而不是"我们如何对这个进行改进"。年轻人往往更不拘泥于传统，所以更可能善于双环学习，因此带来巨大的创新。

高产可以为双环学习提供所需要的土壤。在高信任的企业文化当中，核心的业务流程也可以接受质疑，即使该业务流程之前表现尚可，或者是由创立者所设立。为实现高产，我们可以通过客观的数据来决定是否需要改进，并将得到的结果应用到整个组织或企业。正确的就要得到承认。员工可以对现有的运行模式进行改进，甚至可以抛开现有运行模式来大幅度提升表现。高产的程度越高，后者出现的概率就会越大。

包容与赋权

曾有一项经典研究对比了美国海军的"一般"与"优异"部队。研究发现，两种部队的献身精神、工作过程和指挥结构都没有任何不同。但是"一般"部队的指挥官表现得像是独裁者。独裁式管理的本质是"照我说的去做"。反观"优异"部队的作战指挥则更鼓励创新精神，指挥官会倾听并采纳他人的建议。

学校里也有类似的现象。有 40%~50% 的教师会在 5 年内离开这个行业。一名教师在接受关于为什么离职的采访中讲道："在学校里面，教师的自主权很少，发言权也很低。教师应当做什么需要别人来指手画脚，这种工作方式剥夺了教师的选择与行动权。"难怪这么多教师对工作的敬业度不高。这简直是泰勒主义的死灰复燃。

曾两次荣获美国波多里奇国家质量奖的丽思卡尔顿豪华酒店在管理方式上也大力推行高产，将自主权下放给酒店的"女士"和"先生"（这样的称谓本身就是很美好的期望）。从侍者到前台，每名员工都有 2000 美元的预算用来解决顾客的任何问题。主管人员不会对这类花费提出疑问。丽思卡尔顿酒店成功地建立了信任员工的企业文化，为顾客提供了无与伦比的入住体验。

微观管理不仅会蚕食信任，还会侵害健康。上级的指示会让员工失去自己的"控制点"，也就是对自己生活的控制感。当控制点高的时候，员工的内在激励高涨，对工作的满意度也会上升。保持对自己工作生活的控制对于良好的身体和心理健康至关重要（第十一章中会用具体的事例来说明）。高产可以吸引从清洁工到客服代表的每个人的全身心参与。更好的管理方式就摆在我们眼前，为什么不采用呢？

从细节入手，改善氛围

在高产程度高的组织或企业当中，员工更加享受工作的过程，因为他们可以自己控制如何完成工作。我曾为一家大型药品福利管理企业当顾问。那时正值这家企业的高速发展时期，由此出现的一个问题就是如何保证客户服务中心有足够的训练有素的经纪人。在一次参观当中，我和一位接听电话长达 20 年的客服中心员工进行了交谈。我问道："为什么你没有被提拔呢？"她告诉我她每天都过得非常开心，因为她可以帮助客户得到需要的药物。这家企业的客服中心有着很高的高产，每名经纪人都有很高的自由裁量权来帮助自己的客户。"我并不想换另外的工作。"她如是对我说。在一个高产的企业当中体会帮助别人的快感让她一直满意自己的工作。

美捷步也是一家高产的公司。有些电话接线员可以花费数个小时来帮助陷入困境的顾客，这种做法还会得到赞赏。美捷步的业务员还可以给遇到喜事或是难事的顾客送去鲜花和巧克力等礼物，而且不用得到上级主管的批准。正是因为顾客信赖的美捷步销售代表可以和顾客在电话中一直交谈到客户满意，所以美捷步的客户服务才被称赞为无与伦比。不久前，美捷步的某名员工接听同一个电话的时间超过了 10 个小时。如果没有高产，如此高质量的服务肯定不会出现。

如何才能实现从命令与控制式的管理到高产的改变呢？可以先从细节开始。比如先在某一个部门推行高产。我曾为一家保险公司工作过，这家公司不同部门之间的"Ofactor"调查得分非常不均衡。其中信任度最低的是保险索赔部门。该部门的每年员工流失率高达100%，信任感极度缺失，高产在排名中处于最差的30%。我给出的建议是，抛弃之前为保险代理人与客户沟通设立的脚本，不要再缚住保险代理人的手脚。如果保险代理人在做决定时有更多的自由裁量权，那么高产自然就会增加。"这事儿我得请示下我的主管。"这样的话不仅会让保险代理人痛苦，更会让客户厌烦。高产可以为员工提供足够的信任，让他们在和客户打交道时可以采取自己认为合适的方式。如此还可以增强员工对公司的归属感。

一家办公设备的大型供应商曾进行过一场关于高产的试验，结果显示高产可以有效提高员工对企业的敬业度与归属感。这家公司授权客户服务工程师可以自行组织工作分配，可以自己决定对客户的设备是进行修理还是更换，还可以用自己认为合适的流程来完成作业。客户服务工程师以小团队工作，而且每个小团队可以自行选择团队成员。这种方法采用后，员工对公司的归属感较之前命令与控制式的管理提升了23%。

吸收一线员工的智慧，激发创新

高产可以通过吸收一线员工的智慧来激发创新。印度跨国软件服务企业HCL科技公司就意识到，公司的每个角落都可能冒出新鲜的想法，因此该公司在自己的内网上建立了一个专门的门户网站，并命名为"iGen"。在该门户网站上，员工可以提交关于任何问题的想法，既可以是商业发展规划，也可以是新产品的开发，还可以是如何精简现有流程，甚至是如何为团队成员提供新的学习机会。HCL科技公司将员工提交的许多想法进行了试验，然后采纳并落实了其中的约25%。眼见这个网上意见箱如此成功，HCL又开始组织创新比赛，各团队可以就解决某个问题做出自己的方案，最终的胜者会被贯彻执行。员工提的建议越来越多，HCL便决定将最佳建议的遴选众包了出去，如此更加促进了高产。《福布斯》杂志将HCL列为亚洲100强公司之一，正是因为其高产驱动的创新能力。

　　激发创新的另一种方式就是通过设计各种各样的竞赛。在高产的企业文化当中，许多人都能因发现的乐趣以及随之而来的作为创新者得到的认可而受到鼓舞。最好的竞赛方式应当囊括不同团队的员工，所以不妨鼓励全公司的人参加。汲取众人的力量来改善业务流程，然后为优胜者举行公开的喝彩。各行各业皆有创新者。网飞公司曾举办如何改善针对用户的个性化推荐算法的比赛，拔得头筹的是一名叫作加文·波特（Gavin Potter）的退休管理顾问。他曾获得心理学的学位，而他的胜出也仰仗了自己十几岁的女儿提供的算法。

　　想要为竞赛设立高期望的话，不妨采取黑客马拉松或是创新脑力大激荡这样用时较短的形式，以集中注意力，更快地产生新想法。思科公司设立的"I-Prize"创新竞赛，目标是为思科的下一个10亿美元级的新业务寻找创意。该竞赛之前一直在思科公司内部组织，后来开始对外部开放。一个由德国人和俄罗斯人组成的团队就凭借自己开发的智能能源网软件赢下了25万美元的大奖，该软件利用了思科公司在信息处理方面的优势。要在评估解决方案的过程当中做到高产，不妨用员工投票代替专家组评估，正如HCL公司所做的那样。通过好点子（Bright idea）和大脑洞（Big Nerve）等众包平台可以更好地完成这一工作。

全员高产

不同的工作类型都可以实现高产。2003 年，凯丽·莱斯勒（Cali Ressler）和朱迪·汤普森（Jody Thompson）为电子产品零售巨头百思买集团（Best Buy）设计了全新的管理方针。她们将自己的计划称为"只问结果的工作环境"（Results Only Work Environment）。"只问结果的工作环境"计划的一个主要组成部分就是全公司的高产政策。主管人员为员工设立明确的期望，员工则可以自己选择如何、何时、何地完成自己的工作。固定的上班时间和限定的病假天数都被取消了。通过明确期望和目标衡量方式，团队成员可以把精力放到如何实现目标上，而不再是"出勤主义"。百思买集团的员工获得了项目的主人翁意识，而实现目标的员工还会得到喝彩的认可。"只问结果的工作环境"将员工看作成可以自行决定如何以最佳的方式实现自己目标的人才。"只问结果的工作环境"还鼓励经验的广泛分享，以对创新进行复制。在该计划实施后，主动离职率下降了 90%，生产率提高了 41%。可到了 2012 年，当胡伯特·乔利（Hubert Joly）接任首席执行官之后，百思买集团的高产程度开始下降，利润空间也大幅缩水。乔利曾表示高产的企业文化不符合他"指令应当自上而下"的领导风格。只有时间才能证明乔利做出的改变是否能带领百思买集团走出阴霾，但他无意间向员工传达了清晰的信号：他并不信任员工对工作生活的自我管理。

由此不难看出：高产需要得到主管们的拥护和支持，否则难逃失败。曾有家汽车货运公司进行过一次关于高产的随机对照实验，其中一半的经营管理者允许员工自己选择维修商、夜间送货距离以及如何处理客户投诉。另一半经营管理者则像之前一样做出相关决定然后让员工执行。四个月后，那组得到信任的员工对公司的归属感增强了，对工作的满意度上升了，事故概率也降低了。这也说明：主管可以赋予员工更多的自主权，同时必须提供足够的支持。在高产的这一组受试员工当中，主管鼓励并允许犯错的员工的敬业度和表现都得到了提升，而其他员工并没有起到高产的效果。

贝瑞·威米勒集团对高产给予了强大的领导支持，如此创造了巨大的价值。正是因为有许多像乔这样的员工，他们对产品和生产流程了若指掌，不断推进着第一线的创新进步。当威斯康星州的那家设备制造厂被贝瑞·威米勒集团重组后，这家工厂的产品能及时交货，生产质量大幅提升，加班时间大大减少，而且还雇用了一批新员工。至于该工厂的盈利水平？自然是稳中见长。

全食超市和贝瑞·威米勒集团一样，从高管到各分店都非常欢迎高产。超市里几乎每个部门都是一个资质单位，可以自行决定销售的商品、人员的雇用、产品的摆放。每个部门都有自己的赢利和亏损报表，并且自负盈亏。团队组织扁平化，以便相互学习经验汲取教训。奖金按团队发放，照顾到团队当中的每个人。全食超市的联合首席执行官沃尔特·罗布（Walter Robb）曾有言："当领导者将自己的权力下放给他人的时候，就能为他人创造发展的空间。"本书的第十一章会证实罗布此言不虚，信任度高的组织或企业能通过不同的方式获得成功。

周一清单

·组织创新脑力大激荡来激发大家的想法，并付诸实践，对提出可行建议的人进行赞赏。

·允许某个部门的员工自行决定工作时间，并跟踪此举对生产率的影响。

·通过任命员工轮流担任各项目领导者的方式来为他们授权灌能。

·每季度组织一次"大家来找茬"来激发创新力，对大家犯的错误进行赞赏并讨论。

·采用"三个好做法和三个待改进之处"这样的方式来将项目总结制度化，听取所有人的意见。

CHAPTER

第五章

简化组织流程设计，适当放权

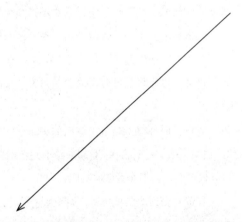

简化组织流程设计，实行扁平化管理，有助于在企业内部构建职权明确、职责清晰的管理体系，可有效避免中间环节的扯皮，减少内耗。同时，适当放权可以让员工们挑选自己想要的工作，从而实现自我管理。82% 的组织信任与"放权"有关。

职称有一天会不会过时呢？尽管公司员工各自的技能不尽相同，但我们难道不是为了共同的目标努力吗？如果是这样，那么职称（甚至升职）还有必要吗？美国的晨星公司（Morning Star Company）是全美增长最快、盈利能力最强的农业企业之一，这家公司里就没有职称。所有员工间都以名字相称。就连公司创始人和所有人克里斯·鲁弗（Chris Rufer）的名片上都只有他自己的名字。晨星公司的每名员工都可以根据自己的意愿选择加入任何一个工作小组，只要承诺能为该工作小组创造价值。晨星公司的番茄加工制品（番茄沙司、番茄酱和煨番茄等）占全美总产量的一半以上，而且几乎仅凭一己之力在过去的 30 年间将番茄制品的价格降低了 80%。鲁弗将晨星公司的成功归因于卓越的企业文化和极致的工作效率。

放权可以称得上是打了鸡血的高产，它可以给予员工选择如何、何时、何地完成工作的自由。看起来是不是特别适合知识工作者？确实如此。但放权对非知识工作者能奏效吗？

我曾 6 次到访晨星公司，期间通过采访对总共有 2500 名员工的该公司进行了典型实例调查。其中有番茄采摘工、卡车驾驶员，还有大型番茄加工设备的操作员，这些都是典型的蓝领工人。晨星公司的全体员工当中有高达 80% 属于季节性劳工。这些员工每年有 4 个月的时间在晨星公司从事番茄的采摘、清洗以及加工。到了第二年同样的时候，他们还会回来，申请加入工作小组的时候只要写一份《同事理解书》就可以，里面说明自己将如何为该工作小组创造价值。各工作小组自己制定工作日程，推动效率提升，解决争端纠纷。员工还可以选择自己的职业道路。

我对晨星公司员工的访谈以及他们的"Ofactor"调查结果显示，晨星公司的员工不仅敬业度和投入度很高，心情也非常快乐。相较于其他番茄加工企业，晨星公司员工的收入要高 30%，因为晨星公司的管理结构要简单得多。这也意味着晨星公司在雇用员工的时候可以好好地挑上一挑。

放权并不是对员工放任自流，让他们单干。在对晨星公司的一次访问中，我遇见了一位年轻的女工，她的工作是在水槽旁边按照颜色挑选番茄，并且清除杂物（有意思的是，据说这项工作只有女工能胜任，因为男人会头晕）。她滑了一跤，把膝盖摔肿了。旁边的同事帮她安排好了医疗评估。当她在等出租车到邻近的急救中心时，我们攀谈了起来。我询问了她的医疗保险和工伤事故保险，以及她能否感觉到公司的照料和关怀。而她对这一切非常的乐观。事实是，我在晨星公司见到很多家庭的两代人，甚至是三代人都在这里工作。其实只要这些员工愿意，他们可以随时换工作。晨星公司最近又开始提供家庭教育项目的福利。番茄加工是一个监管严格的行业。每家工厂都有美国食品和药物监管局的现场实验室，进行随机的质量和卫生抽检。这就意味着，生产流程的每一步都要保持卓越，而放权就可以做到这一点。

放权面临的障碍

既然放权有诸多好处，为什么组织和企业们不都行动起来呢？其实现在已经开始了。美国劳动力当中，足足有三分之一是属于所谓的"零工经济"。这些劳动力为许多雇主工作，有时还是身兼数职。与此同时，一项针对 18 个国家 36000 名员工的调查显示，只有 3% 的企业有着高程度的放权。但是人们肯定都渴望掌握自己的工作生活。智能办公（Intelligent Work）在 2012 年进行的工作智商调查发现，将近三分之二的员工希望能在工作中获得自主权。这源于人们对自由、工作与生活的合理融合以及科技进步带来的流动性的渴望。这里不得不提一下，没有人在调查中表示自己的目标是成为企业高管。

许多公司没有实行放权的一个原因是，"OXYTOCIN"8 种因素当中，只有放权之前的所有因素都能实现，才能有效地推行自我管理。需要用喝彩来庆祝胜利，并找出错误的原因；必须设立明确的期望并提供支持；管理人员必须有效地通过高产来将项目执行的控制权下放。最近一次盖洛普民意测验称，81% 的员工希望在雇主能创造合适文化的情况下进行自我管理（有 29% 的员工表示在现有文化当中也希望能实现自我管理）。本章会介绍，关于放权的企业文化已经在不同行业得到运用，包括达维塔保健（DaVita）、美捷步、博组客荷兰（Buurtzorg Nederland）、精准营养（Precision Nutrition）等服务行业企业，巴西塞氏企业（Semco）、戈尔公司等制造业企业，门罗创新公司（Menlo Innovations）、维尔福软件公司等科技企业。既然这些企业都能做到，相信你的公司也能效仿，建立自己的放权文化。

放权对大脑的影响

放权可以使人们能够控制自己的工作生活，从而抑制激素皮质醇的分泌。皮质醇是人体内应对慢性压力的主要激素，如果长期保持在较高水平，就会引起动脉硬化，诱发心脏病发作，还会引起血液当中葡萄糖含量升高，从而诱发糖尿病。此外皮质醇还会侵害大脑中的海马体，而海马体是大脑当中将经验转化为学习的关键结构。长期的高皮质醇水平危害极大。

与此同时，在工作当中缺乏自主的人会感觉受到贬低，并且面临着更多的压抑情绪。美国心理学会（The American Psychological Association）就把"自主"（autonomy）作为心理健康的四个要素之一——其余三个分别是关系（relatedness）、能力（competence）与自尊（self-esteem）。充分的自主对于心理和身体健康，以及对工作的高度参与都是不可或缺的。

人们对自主的渴望并不仅仅是西方世界的理念。一项针对来自发展中国家和发达国家 24 个地区的 5000 名管理者的研究证实，放权可以提高员工对工作的满意度以及动力。这是因为员工知道自己何时准备好去处理每天的工作任务，并且将之做到最好。放权并不意味着自己单打独斗。相反，当员工被赋予放权的权利时，他们需要自己组建或是加入别人的团队，并需要明确可以为彼此带来的价值。放权还可以建立社会联系，因为自我管理的员工需要经常性地切换团队。

用员工自己设计工作代替简单地分配任务

工作形塑是推行放权的方法之一，允许员工根据喜好来设计自己的工作，而不是简单地向他们分配任务。员工可以互相沟通协调，在选择自己最喜爱的工作内容的同时完成组织或企业的全部工作。这可以极大推动大家的创新能力与热情，同时降低工作劳累的风险。通过让员工对自己的工作进行形塑、再形塑，自然能保持员工的高敬业度。工作形塑可以鼓励员工试着接受那些第一眼看上去颇有难度的工作任务。本书的第三章当中曾讨论到，有一定难度但是可以完成的工作任务具有非常巨大的鼓舞作用。

维尔福软件公司可以说是高放权度企业的模范。维尔福公司发行的游戏包括《反恐精英》（Counter-Strike）、《半条命》（Half-Life）、

《传送门》（Portal）、《求生之路》（Left 4 Dead）和《刀塔 2》（DOTA
2）等。维尔福公司的员工在入职时不是被分配到各个工作组之中，而是
可以自己选择。新入职的员工被鼓励到公司各处走动，看看其他员工正
在进行什么项目，并决定加入自己认为"有趣"且"值得"的项目。维
尔福公司的员工手册不仅像漫画书一样生动有趣，而且极为简短。其中
有一部分是"我如果搞砸了怎么办"，手册中讲："允许犯错的自由是
（维尔福公司的）一个重要特点。如果我们对犯错的员工进行惩罚的话，
怎能期待员工为我们创造价值呢？即使是代价高昂或是影响恶劣的错误，
我们都真诚地把它们看作是学习的机会。"在维尔福公司这样一个扁平
化组织结构当中，所有的工作都不是上级指派的，没有管理者发号施令，
而且员工轮流担当项目负责人。维尔福公司甚至没有传统意义上的销售
或是市场部门，而是寄希望于顾客间口耳相传的口碑。每个工作小组会
在项目结束后对每名成员做出的贡献进行评估（即项目总结），并经常
组织喝彩。这就是放权的最佳状态。维尔福公司的员工规模已增长至 300
多人，而市场价值据估计高达 25 亿美元。

像维尔福公司这种推行放权的组织或企业当中，从一线工人到最高
管理者之间没有那么多的管理层。纽柯钢铁公司（Nucor）是一家总部位
于美国北卡罗来纳州夏洛特市的大型第二代钢铁生产商。从 1966 年至今，
纽柯钢铁公司的收入从 2100 万美元增长至 200 亿美元。纽柯将自己的成
功归于去中心化的企业文化、试验新事物和失败的自由以及报酬的平均
主义。纽柯从首席执行官到一线员工之间只有四个管理层级，而且行政
办公室里只有 90 名员工。纽柯推行放权是通过将大多数经营决策交给各
部门经理。前任首席执行官丹·狄米科（Dan DiMicco）曾说纽柯的管理
哲学是"雇用合适的人，为他们提供资源和工具，然后就别碍人家的事"。

让自己消失是推行放权管理的最简单方法

在设计高放权度的工作场景时，挑选合适的员工非常重要，因为员工应当明白如何互相合作，为彼此负责。有些人不情愿或是没兴趣管理自己。我在晨星公司就曾遇到一位驾驶番茄收获机的员工，他就告诉我说自己不喜欢自我管理，因为这会让他"太费脑子"。当美捷步公司于2015年在全公司推行放权项目时，不想专心致志于自我管理的员工可以选择辞职，并领到一份三个月的离职补偿金。有14%的员工这么做了。在设立了清晰的期望之后，可以找出那些不适合放权文化的员工，然后对他们进行专门的培训或是直接买断。

有时候，让自己消失是推行放权管理的最简单方法。美国加利福尼亚州凡吐拉市的巴塔哥尼亚股份有限公司（Patagonia Inc.）是一家为攀岩、皮划和远足等户外达人提供户外装备的制造商。这家公司就有一个午餐时间的冲浪小组。既然员工可以为完成自己的项目负责（期望），而中午又是冲浪的最佳时机，那么员工选择晚上工作，把中午的时间用来冲浪又有何不可呢？巴塔哥尼亚公司的创始人伊冯·乔伊纳德（Yvon Chouinard）还会定期从公司消失，且一消失就是几个月的时间，用来探索世界。乔伊纳德将这种管理方式称为"缺席式管理"（Management By Absence）。就连巴塔哥尼亚公司旗下的零售店也在实行放权式管理，员工接受交叉培训，还可以自行安排轮班。一位店长曾跟我说，当店员告诉顾客"我去叫一下经理"时，顾客会感觉店员缺少培训以及责任感。巴塔哥尼亚公司发现，大多数决定可以由店员自行做出，而不用店长的监督。巴塔哥尼亚公司就被描述为"一家通过纵容自己员工来实现盈利的公司"。

朝八晚五的工作制度有什么大不了的？这不过是一种社会惯例而已，而且不符合许多自主性强的员工的生活方式。正如泰勒主义因为试图将任务细分为一个个不需要动脑子就可以完成的小部分而失败一样，标准的工作日也是微观管理的一种形式，在很多有价值员工身上并不适用。如果有需要完成的任务，为什么不让员工自行决定如何以及何时完成呢？

巴西制造商塞氏企业的首席执行官里卡多·塞姆勒（Ricardo Semler）认为放权式管理就是"把自己的员工当作成年人来对待"。塞氏企业是一家完全民主化的公司，所有决策都按照一人一票制，而塞姆勒本人也仅有一张选票。员工需要对自己负责，管理好自己的时间以及与团队成员会面，以完成各个项目。在塞氏企业，所有的会议都是非强制性的。所有设立的期望都清晰明了，员工如果想在这里继续工作的话就必须展现出自己为公司创造的价值。夏尔·阿列克西·德·托克维尔（Alexis de Tocquevill）于1835年问世的《论美国的民主（*Democracy in America*）》一书中就指出，全能型的政府把人民都当作是巨婴。全能型的组织或企业管理层也是如此对待员工的。既然员工可以自己按时起床，自己穿好衣服，自己来上班，当他们开始上班时，我们又何必通过微观管理来指手画脚呢？

规则行事与相机抉择

将员工看作成年人来对待，意味着给予他们相机抉择的自由裁量权，而不是用规则来束缚他们的手脚，即使他们是路德教派。路德教派习惯于德国人的传统，喜欢循规蹈矩。但是当比尔·麦金尼（Bill McKinney）在2003年担任施利文路德会金融——现已改名为施利文金融（Thrivent Financial）的副总裁时，这家有着百年历史，市值高达80亿美元的福布斯前500强企业各种名目的规章制度大有失控之势。

施利文金融公司当时对员工出差时餐饮花销的规定已经到了事无巨

细的地步。包括什么情况下酒类饮料可以报销，什么情况下可以请客户吃饭，以及冗长而又繁复的着装规定。员工需要浪费大量的时间来记录自己对规定的遵守。为了去除不必要的繁文缛节，麦金尼等人成立了一个"打破规定委员会"。委员会的成员要找到浪费员工时间的规定，并提出用员工的相机抉择替换盲目遵章办事的政策建议。他们首先从出差这一方面开刀。按照新规定，差旅费每季度才审查一次，而且合理的花费不需要提供证明。之前繁复的着装规定也改成了一条简单的建议："合适着装。"

施利文金融公司的"打破规定委员会"取消了数十项规定，代之以员工自己的良好判断力，这就使得员工可以用主人翁的态度去权衡自己选择的成本与收益。现在，施利文金融公司的投资回报率仍在同行业中遥遥领先，而员工也能通过丰厚的利润分享方案分得一杯羹。

谷歌公司精简规定的行动被称为"官僚主义克星（bureaucracy busters）"。通过非常具有谷歌特色的方式，员工们投票决定哪项规定应当废除。然后各部门主管就会着手废除大家选出来的规定。有的部门一年内甚至能废除多达20条规定。这种简单方式可以有效降低员工的焦虑情绪，便于大家更好地工作。谷歌公司最受员工欢迎的一项举措就是废除了报销差旅费时需要提交纸质收据的规定。现在，谷歌公司的员工只需随手用手机给收据拍张照，然后把照片附在邮件里发送就可以了。

房屋租赁公司爱彼迎则将自己的做法称为"原则取代政策"。爱彼迎的副总裁迈克·柯蒂斯则将之简称为"胆量检验"。在爱彼迎公司，小于500美元的花费不需要上级批准。如果员工想要花费500美元以上，他们就要考虑这项花费是否确有必要。爱彼迎员工的良好判断力得到了信任。这项政策改变之后，爱彼迎的酌量性支出并没有上升，而且还摆脱了大量文书工作，节省了时间。晨星公司也允许员工花费不超过1万美元来采购需要的物资和设备，而且不必得到上级的批准——只要他们事先和同事们协商好就可以。

如何管理专业人士？不管就行了！

　　对总共有2万多名受试者参与的114项关于放权的实验室及现场试验荟萃分析发现，赋权（代指放权）上升5%就能给表现带来强劲的提升，足足提高了28%。一项员工研究显示，放权的提升可以提高员工的生产率、客户服务、工作满意度和对公司的奉献精神。

　　放权对于往往收入较低而又不受待见的政府雇员也能奏效。在一项管理实验当中，公务员接受了关于自我管理、工作及家庭压力应对、目标设定等培训，还被要求制定关于是否实现目标的自管式的奖罚措施。在这项实验开展之后，这些之前经常翘班而又有工会撑腰的政府职员的实际工作时间上升了6%。而该效果在试验结束之后依然在持续，一年后的实际工作时间较干预之前提高了15%。

　　有时候放权往往是不得已而为之。在20世纪90年代，快餐连锁店塔可钟正值快速扩张期，面临着管理人员不足的难题，而且也不想雇用一帮尸位素餐的人来填补空缺。为解决这一问题，塔可钟采取了双管齐下的方法。一方面设立少数区域经理，他们经受过良好的培训，待遇也很优渥。另一方面是将放权赋予成千上万的一线员工。区域经理的时间用来对新来的厨师、收银员和清洁工进行培训，教给他们如何自我管理。拿着最低工资的员工接受的培训则是招聘并培训新员工、管理库存、负责现金进出并保持与区域经理的沟通。塔可钟后来的调查显示，员工的敬业程度很高，而且进行了许多有价值的创新，其中很多创新还被全公司采纳。例如，在客流量较少的时候，塔可钟的员工会自行组织交叉培训，负责自己分配之外的工作，以帮助公司进步。放权的自由还提升了客户的满意度和门店的利润。

荷兰一家叫作博组客荷兰的家庭病人护理公司在让自己的护士们自行负责之后也起到了类似的效果。博组客将自己的管理方式称为"责任制护理模式"。护士最为了解客户的需求，因此博组客就让护士自行组队负责护理的方方面面。这种方法能奏效有许多方面的原因。护士团队的规模很小，不超过 12 名护士，从而减少了协调工作。高级护士担当着教练的角色，为有时候多达 45 个护士团队提供帮助，解答这些团队的问题，并确保他们遵守相应的规章制度。博组客还开发了自己的软件，供各团队互相分享信息，并从中提炼出了一整套最优做法。91% 的客户对博组客公司的护理服务感到满意，而且博组客员工的工作满意度也高居第 89 百分位。许多学术分析都显示，相较于荷兰其他护理公司，博组客的工作效率要高 43%，而且客户被送到急救室的概率也小得多。博组客的格言就是：

"如何管理专业人士呢？不用管理就行了！"

团队间的放权

放权可以通过建立团队成员之间的依赖来提高员工的敬业度。"如果我要成功的话，我们就得完成这个目标。"当期望设立之后，如果一名或多名员工掉链子，整个团队都会受损。这就会促使团队进行自我管理，对表现欠佳的成员进行补救，或者更换。放权可以有效促进成功所必需的灵活性。

作为放权项目的开始，你可以邀请员工自愿领导一个项目，而不是将项目分配出去。这不仅代表着信任，还能利用员工对自己完成项目能力的认识。此外还可以通过语言来加强放权的效果。用"志愿者""同事"

和"队友"作为工作上的称呼是良好的开端。

海军上校大卫·马克特（David Marquet）曾担任美国核动力潜艇"圣达菲"号的指挥官。他通过改变自己潜艇上使用的语言带领自己的团队朝着放权迈进。在传统的指挥模式当中，军官在做出行动前需要请示指挥员，比如说潜艇下潜。然后指挥员回复"下潜潜艇"，来同意该请示。马克特让自己手下的军官用"打算"来替代"请示"，听起来像是该军官在告诉别人自己的行动，而不是在征求许可。掌舵军官可以说："艇长，我打算让潜艇下潜。"在艇长回应后，舵手就可以进行潜艇下潜的操作，免去了微观管理的麻烦。虽然艇长仍可以否决军官的打算，但是这种语言方式会向艇员们传达一种信息："你们是自己的主人。"马克特认为，随着组织当中放权程度的提升，工作当中的语言会从征求许可到"我打算如何"或"我刚做了"，接下来就是"我一直在做"。

现在，放权已经被美国海军更广泛地采用。2015年，我参与了美国海军战略研究小组的工作，当时该小组正在筹划一个方案，转变美国海军在21世纪挑选、评估、提拔和留用海员的方式。迈克尔·托尼斯少校（Michael Tsonis）和同事们认为原有命令与控制式的严格结构当中需要做出两项重要改变：放权与信任。他们相信，决策权需下放至基层部队，以赢得海员的全身心投入，为他们提供高吸引度的职业发展道路。他们正在寻求的方式是将重心放在放权度的提高上，同时确保海员的安全和作战执行力。

每个人都是自己的品牌

员工在工作当中最有压力的往往是和主管打交道。在接受调查的36000名员工当中，有惊人的97%认为自己的主管盛气凌人、专横独裁或是控制欲强。通过放权，可以减轻员工向老板汇报的压力，从而提高他们的情绪稳定性。在放权度高的组织或企业当中，你就是自己的老板。彼得·德鲁克曾说："现代企业不能由老板和下属组成，而必须是按照由同事组成的团队来组织。"如果你是老板，可以先平等对待他人。美国铝业公司（Alcoa）就通过取消管理人员的专属停车位来为放权开了个好头。最好的停车位属于最先到的员工。本书第九章当中会详细讨论领导者该如何提高信任，但是如果想提高组织或企业的放权度的话，就要打消自己的控制欲，为他人赋能。

在分层控制与完全自我管理之间应当有一个完美的融合点。位于伦敦的管理咨询公司艾登麦克伦认为自己把握住了这一点。为这家公司工作的顾问有 500 来名，但在职人员名单上却没有他们的名字。他们可以选择自己工作的时间，做自己想做的业务。艾登麦克伦公司发现自己招募到许多有才华的资深顾问，他们当中许多曾在麦肯锡（McKinsey）或贝恩（Bain）供职过，但却厌倦了那里不厌其烦的行政工作以及不得不参加的会议。当艾登麦克伦公司接到新项目时，会提醒自己名下的专家，并询问哪位有兴趣参与该项目。行政事务和新业务拓展则由一个小团队负责，因此日常管理费很低。相较于行政团队臃肿并且提供优渥薪水的其他公司，艾登麦克伦公司拥有一个由资深顾问组成的庞大团队，可以用较少的花费完成工作。从本质上来说，艾登麦克伦公司经营的是一个现货交易市场，为顾问服务的需求与供应牵线搭桥。正是放权带来的灵活性带来了艾登麦克伦公司的成功。

灵活性的企业文化是高放权度组织或企业的良好指标。64% 的领英会员认为自己在工作当中更多的灵活性和 10% 的加薪之间选择了前者。放权度高的组织或企业有着灵活的工作时间、共享的工作空间，鼓励远程办公和共用办公空间，并利用科技减少交通成本。许多研究都显示，电子通勤者比传统坐班员工的生产率要高。这其中大部分要归功于通勤时间和压力的减小。与传统就业方式相比，在家工作的员工对工作的满意度更高，离职率更低。虽然 63% 的公司都允许电子通勤，但只有三分之一的管理者表示自己信任员工在没有监管的情况下工作。这对于放权可不是什么好迹象。德国一项研究发现，当员工可以自行制定工作日程的时候，他们每周要比要求的工作时间多工作 7.4 个小时。让员工自行决定如何来实现期望可以大幅提高员工的敬业度。

开放式的办公环境可以加强放权的作用

科技行业公司是最先对员工的灵活性需求做出回应的，因为市场上的人才资源相当有限。企业级软件的提供商英迪诺网（InDinero）建立了一种被称为"企业民主（entre-ocracy）"的放权文化。英迪诺网保留了自己创业时的扁平化组织结构和员工自主权，不仅拒绝招聘中层管理人员，而且各项决定也通过协同决策完成。这就给予了所有员工充分的发言权，又可以博采众人的智慧来改善现状。就连工资和奖金的制定也是通过协同决策进行的。英迪诺网的放权文化之所以这么成功，一部分要归因于它能一丝不苟地量化员工的绩效表现，并将此信息在整个公司分享（第六章中会详细讨论为什么这一点非常重要）。当目标的衡量方法客观而且连续的时候，放权文化自然会兴盛。

在 21 世纪初，美国马萨诸塞州的蓝十字蓝盾医保公司（Blue Cross Blue Shield）发现自己的优秀员工正源源不断地流失给那些允许电子通勤的竞争对手。蓝十字蓝盾医保公司精心设计了一场管理试验，通过让 150 名员工在家工作来试验在家工作的效果。结果非常成功：不仅工作照样完成了，员工也更加快乐。目前，马萨诸塞州的蓝十字蓝盾医保公司有 700 多名员工在家全职工作，占公司员工总数的约 20%。这样的工作方式不仅提高了员工的留职率，还节约了办公空间，每年的租金就可以节省 850 万美元。现在蓝十字蓝盾医保公司还在试验"办公桌轮用制"，即员工如果想在办公室工作可以预定几天的办公桌使用权，当他们想在外面工作的时候就可以把桌子留给别人使用。这样不仅进一步减少了办公空间需求，更让不同的团队通过分享办公空间加深了对彼此的了解。

另一个放权文化带来繁荣发展的例子是高端家具与室内设计厂商赫曼米勒公司（Herman Miller）。其位于密歇根州荷兰小镇的设计工作室拥有极好的开放式办公室设计、个人工作空间、玻璃墙式会议室，还有无处不在的无线网络。我的实验室曾在赫曼米勒公司进行过一次神经科学实验，研究办公空间布局对员工协作的影响。我们获得了三种不同开放式办公布局下共 96 名员工的神经学及行为学数据。研究发现，与在较为封闭式办公环境中工作的员工相比，在最为开放式办公环境中工作的员工在工作时注意力明显更为集中，团队工作中更有创新力，而且能更快地克服工作压力挑战。在最为开放式办公环境中工作的员工心情也更加舒畅，感觉与同事间更为亲密，且更加信任自己的同事。我们的研究说明，开放式办公可以加强放权作用，并促进团队协作。

在对著名的艾迪欧设计公司（IDEO）进行的一次访问中，我询问艾迪欧的首席执行官蒂姆·布朗（Tim Brown），为什么他能在这家公司这么久。他的回答是"因为我每五年就会重新定位自己的职位"。在艾迪欧设计公司，就连首席执行官自己都在放权的影响范围之内。

对出勤考核说再见

网飞、百思买、集客式营销平台核心地带（HubSpot）、博客平台运营商自动化家（Automattic）、推特（Twitter）、社交游戏开发商吉格纳（Zynga）和维珍集团（Virgin Group）都采用了另一种形式的放权：他们不再计算员工的工作日了。下午不想上班了？走吧。想去意大利的卡普里岛放松两周？没问题。只要员工所在的团队项目进展顺利，而且满足期望没有问题，员工想在何时何地用何种方式完成自己的工作都没有关系。而且不仅信任的程度提高了，日常文书工作和会计成本也在降低。2015 年，网飞公司在此基础上又迈出了一大步：刚当上父母的员工在孩子出生一年之内，可以享受 16 周的带薪产假以及不限时间的不带薪产假。网飞公司在之前就已建立了强大的放权文化，所以这一产假制度非常适合。这一点非常重要：在欢迎放权的企业文化当中，给予员工更多的自由是一件合乎情理的事。网飞公司的创始人和首席执行官里德·哈斯廷斯（Reed Hastings）和塞氏企业的首席执行官里卡多·塞姆勒英雄所见略同，他认为自己公司的企业文化对待员工"像对待成熟的成年人一样"，而且他将网飞公司取得的成功归因于高放权度的文化。

不可否认的是，如果不记录工作时间的话可能会引起工作过度。正如第三章当中曾提到，工作过度的员工会主动选择离职。而自我管理的员工则能理解：如果他们不为组织或企业的目标做出足够的贡献的话，他们的工作也不会长久。想要解决这一两难，可以参考维尔福软件公司和我的实验室所采取的方法：项目领导者的轮换。如此，领导者的责任压力可以由大家共同承担，而且每个人都能学习如何领导一个团队。团队的领导者因为是项目成功与否的最终负责人，因此他们往往工作的时间更长。美国个人电脑制造商凯普洛公司（Kaypro）的创始人安德鲁·凯（Andrew Kay）就开发了一种实现放权的绝佳办法："我们把管理看作是一种教育培训，而不是指挥控制。我们控制的是过程，而不是人。"

解决潜在的工作过度问题还可以强调休假的重要性。一项全球性调查显示，休假时间更长的员工工作效率更高。在美国，全职员工的一般休假时间仅有 10 天，远远落后于大多数其他发达国家（而且仅有 25%的美国人选择休完所有的假期）。但也有好的方面：根据美国人力资源管理协会在2015年进行的一项调查，2%的公司提供无限期的带薪假期，而且这一数字大有增长的趋势。高放权度的文化当中，自主性强的员工可以选择何时休假以及休多久的假。而且人人皆可如此。组织和企业的高管也应当树立这样的榜样，偶尔消失一段时间，给别人操纵局势的机会。

巴塔哥尼亚的创始人伊冯·乔伊纳德就曾描述自己的管理哲学为："让他们去（冲浪）吧。"像巴塔哥尼亚这样具有放权文化的公司可以解开员工的枷锁，为他们赋能。

开放的环境能让放权发挥最佳的效果。原因会在下一章中讨论。

周一清单

·创建一个民主化的工作环境。可以在审查项目的过程中让员工投票决定项目的开始、中止或继续，然后照投票的结果执行。

·请团队成员们完成一份年度《同事理解书》，描述他们如何为组织或企业创造价值。

·通过取消或减少工作职称的方式来减轻等级观念。可以用"同事""伙伴"或"团队成员"来称呼大家。

·摒弃休假制度，让大家管理自己的时间。

·成立一个"打破规定委员会"，并执行其提出的建议。

CHAPTER

第六章

信息公开透明，降低沟通成本

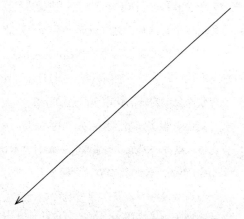

企业内部过高的沟通成本，从管理的角度来看，就是内耗。信息公开透明，加强团队之间的联动和协作，可有效降低沟通成本，提高办事效率。

　　大家的工资单怎么公布？直接发到网上。公司收入和客户数量？也发到网上。公司邮件？每个人都可以浏览。员工的个人目标是否也需要公开？当然了，通过 iDone This 这款团队任务日历管理应用可以记录追踪每个人的工作进度，大家也可以看到彼此是否在过着多金又快乐的生活。

　　这种程度的开放是不是有点激进了？这种管理做法姑且可以称为激进式的开放。

　　巴佛软件公司（Buffer）是一家提供社交媒体优化服务的公司，这家公司商业模式的核心之一就是开放。"开放可以培养信任，而信任是伟大团队合作的基础。"说这话的可不是我，而是巴佛软件公司的创始人和首席执行官乔尔·加斯科因（Joel Gascoigne）。自 2010 年成立 3 年后，巴佛软件公司的日活跃用户已达 100 万。

　　好吧，很多读者可能会想，这不过是一个古怪的软件工程师在幻想自己可以创办一家成功企业罢了。而且这家伙没准儿还是"火人节"（始于 1986 年的反传统狂欢节，为期 8 天，每年 8 月底至 9 月初在美国内华达州黑石沙漠举行。基本宗旨是提倡社区观念、包容、创造性、时尚以及反消费主义）的常客。但是巴佛软件公司对于开放的专注可以得到科学的证明，确实是一种增强信任的有效方式。

　　第三章曾讲到，慢性压力可以说是信任的破坏分子。而慢性压力的两大来源是老板（从第五章当中可以找到解决办法）和不知道老板的计划。我们公司的发展方向是什么？我们为什么要收购某某集团？我们公司会被出售吗？是不是要裁员了？此类问题会每天萦绕在员工们心头。这些慢性压力因素都可以通过开放来消除。本章就会介绍如何建立一种开放的文化。

一项调查显示，仅有 40% 的员工表示了解本公司的目标、战略以及策略。而已有证据充分表明，如果员工知道组织或企业的各项决策从何而来，他们的积极性和效率会更高。如果不让员工了解组织或企业的方向和目标，又怎么能期待他们发挥主人翁意识呢？这就像飞机驾驶员在起飞之前要提出一份飞行计划一样。管理者如果能向员工分享组织或企业的"飞行计划"，就能减轻员工对接下来旅程的疑虑。高产可以促使信息从一线员工向主管流动，而开放则要求主管向员工分享信息。这种双向车道可以有效地建立信任。

达维塔保健公司是一家血液透析和肾脏治疗的医疗公司，这家公司实现开放是通过鼓励团队成员间的开放式沟通，不仅有在指导教室举行的每日例会，也有月度的全员会议。达维塔的首席执行官肯特·西里（Kent Thiry）还会定期举行电话会议，任何一名"团队成员"（这是达维塔对员工的称呼）都可以向他提出问题，并能立即得到公开的回复。达维塔的开放之所以如此成功，是因为它建立了一种考虑周到的分享式文化。达维塔"小村"是一个个各具特色的治疗和康复中心，而且各个"小村"之间的沟通畅通且公开。每个"小村"都是按照独立公司的模式来运营（放权），每名团队成员都有决策中的发言权。通过广泛地分享信息，有效地遏制了官僚主义。这就使得各个"小村"可以快速对市场情况做出回应（高产），还可以增强包容性。团队成员还可以定期根据自己选择的成功衡量标准获得利润分享奖金。达维塔的开放文化非常奏效：它的年收入高达 80 亿美元。

开放程度高的组织或企业往往具有扁平化的管理结构，以及简单的沟通方式。开放虽然不需要晨星公司或是塞氏企业那样的自我管理，但是管理层级越少，越容易做到开放。谷歌公司的氧气计划（Project Oxygen）就检验了管理层级的减少是否会对生产率产生影响。实际上，可以说这项计划是在检验管理人员是否有存在的必要。确实有这种必要，尤其是设立期望，提供关爱（第七章）和促进开放。基于这些发现以及一些自我管理实验，谷歌公司最终选择了一种将等级观念降至最低的管理结构。谷歌发现，当领导者分享大量信息的时候，谷歌人的工作动力更足。尤其是关于公司当前的战略方向以及各项决策背后的考量等的信息。谷歌的管理人员依然存在，但是他们扮演的是教练和信息通道的角色，而不是恺撒式的管理者。

盖洛普公司在 2015 年进行的一次关于 195 个国家及地区 250 万个有管理者的团队的调查也证实了谷歌公司的发现。调查结果表明，当主管和直接下属每天都有交流的时候，员工的敬业度更高。当团队成员知道团队正在朝什么方向迈进以及为什么时，团队的工作更有效率。

每个人的意见都很重要

现在就连美国空军也在用开放来替代之前"势不两立"的对抗式心态。美国空军学院之前一直有欺负新学员的传统，而且也得到了学院领导层的默许，但是这种传统不仅破坏院方的权威，还影响士气。那种"照我说的去做"式的领导风格引起了学员对领导的反感，还导致了频繁发生的违纪行为。而且军校的纪律本来就严格。为解决这一问题，美国空军学院的领导层首先为学员制定了清晰的期望，然后是各级领导。这一过程离不开学院和领导层在对待问题上的开放态度。一项违纪的源头是普遍存在的酗酒。学院通过减少周末安排的集体活动，给学员充分的时间像普通大学生一样去社交和交友，有效地缓解了这一问题。另一项开放性质的创新举措是在讨论学院制度的时候允许初级军官和学员参与。格雷戈里·伦吉尔少将（Gregory Lengyel）曾担任学员队长，他曾说过：

"到目前为止，我还不是我的团队中最聪明的那个。"通过开放式沟通，伦吉尔少将发挥了学员在各项决定当中的主人翁意识。开放带来的是士气的上升和违纪情况的减少。

就算没有明显的干预，领导者也可以对开放带来的自然改变进行评估，从而找出哪些方式可以奏效。一项针对某医院临床护士管理者的研究，试验了不同的开放程度带来的影响，结果显示，分享更多信息的护士管理者更能得到员工的信任，而且这些管理者所在的部门表现更佳。当管理者向护士们分享期望背后的"为什么"时，可以激发护士为自己的队友好好表现的内在激励。这一自然实验向我们展示了如何在自己所在的部门发现可以推广到整个组织或企业的值得改进之处。

包容性和多样化可以对开放起到强大的杠杆作用。更多样化的想法可以改善决策，并提供新鲜观点。据估计，美国经济在 1960 年至 2008 年的增长有 15% 至 20% 要归功于女性和少数群体。他们的意见也很重要。在建立开放的企业文化时记得要听取所有人的意见。通过听取每个人的意见，并将信息分享至每个人，我们就可以建立一个公平而又民主的工作环境。如果做不到这一点的话，我们又怎能要求每个人在工作当中投入同样的干劲呢？

工资公开

我们不必一股脑地照搬巴佛软件公司那种激进式开放，即使是朝着开放迈出一小步也能提高生产率。美国米德尔伯里学院的艾米利亚诺·休特－沃恩（Emiliano Huet- Vaughn）在一项研究中随机选取了一半计件工资员工，并告诉他们其他同事的工资。另一半员工则对其他人的工资一无所知。几周之后的评估发现，处于开放式环境的员工比对照组的生产率要高 10%。

公开工资可以帮助促进公平，也能激发关于工作当中的付出与收入间关系的讨论。我的实验室经常提出各种寻求研究经费的提案，许多同事都出力不少。我的推测是，如果预算表显示我将在某个项目上花费一个月的时间，我的同事们也许会将这份预算乘以 12 当作是我的年收入。为了促进开放，我决定和我的团队坐下来谈谈工资的事情（其实工资是由我所在的大学决定的）。为什么我作为教授和实验室负责人可以挣得比他们多呢？我列举了自己在支持大家工作，确保团队成功当中所做的经常不为人所知的付出。其中就有没完没了的各种文山会海，家常便饭似的离开家人出差。能让各位同事了解我每天所做的工作，我感觉特别棒。其他同事也开始谈论自己做的那些旁人往往看不到的工作。我的发现是，大家对工资差异并没有太多的执念。人们更多的想法是在于从事重要而且有挑战性的工作。通过这次座谈会，我们更加了解彼此对团队工作的贡献。

把办公室的门打开

当然了，在建立开放的企业文化时还是要保持谨慎。不是所有的信息都是适合公开的，比如说客户的信息或者是产品研发数据等。办公场所也是如此。在第五章中曾讲到，我的实验室进行的实验显示，开放式办公环境中员工的工作效率和创新性都更高。但是，大多数员工还是需要地方来放置自己的物品、张贴几张照片、收好自己的手提包或背包。在分享式办公空间，可以用半高的隔断来保证良好的互相交流，采用玻璃幕墙式会议室，同时保证工作区域的安静，这样可以在促进开放的同时保障一部分隐私。

　　杰尔·斯特德（Jerre Stead）曾担任数家"《财富》100强"科技企业的首席执行官，他曾和我分享自己在1993年执掌美国现金出纳机公司（NCR）期间推行开放政策的经验。之前他的办公室是在顶层的套房，而且通往这一楼层的电梯还有保安守卫，闲人不得入内。他首先做的就是将自己的办公室搬到了和其他高中级管理人员一起的开放式空间。所有员工都知道，如果想找杰尔的话，他就和其他人在一起，过去找就是了。然后，他还每个月组织一次聚会，每次邀请25位员工参加"和杰尔一起畅饮果汁"。每一名员工都可以申请参加。在聚会上可以发牢骚、问问题，或者是看看公司最近发展得怎么样。杰尔都会耐心地向大家解释每项决策背后的原因，而大家因此也就理解了他的重整计划。

　　杰尔·斯特德还在所有办公室实行了"门户开放政策"。他认为，如果各个办公室都是大门紧闭，各办公室之间就不能有效地分享信息，如此又怎么能实现开放呢？不过，有些办公室的门还是应当保持常关的，比如说人力资源、会计和财务等部门。但杰尔想要让可以开门的办公室都尽量保持常开。如此几个月之后，因为"门户开放政策"当中给予人力资源等部门特权，其他许多办公室的门仍然常关。见到这种情形，斯特德把设施部所有人都请到了自己办公室，并要求他们把公司所有的室内门全部移除。可能有人会觉得这像是一个恶作剧，但是斯特德传递出一种明确的信息，那就是美国现金出纳机公司在拥抱开放。那些需要保密的文件被保存在了带锁的档案橱柜里，但是各个办公室的门已经成为历史。

　　开放可以先从组织或企业内部做起，然后再扩展至外部。位于波士顿的集客式营销平台核心地带就在自己的网站上公布自己的财务状况、董事会会议的幻灯片、战略备忘录，有时候还有有趣的内部文件。首席执行官和创始人布莱恩·哈里根（Brian Halligan）就曾说过："企业文化之于招聘，正如产品之于营销。"核心地带建立了一整套"文化语码"，不仅详细说明了自己企业文化的要求，还包括如何检查企业文化是否得到了贯彻。其中一条宗旨就是激进式的开放。几乎全部信息都对所有 800 名员工公开。但是"文化语码"当中也明确说明了几种例外情况，包括法律不允许的情况（比如说签署了保密协议）和可能会泄露员工个人信息的补偿金等。

隐私与开放

高产是开放的均衡因子之一。有些情况下，隐私可以鼓励人们尝试新鲜事物，即使是在一个不喜欢改变的企业文化当中。哈佛大学商学院的伊森·伯恩斯坦（Ethan Bernstein）在中国的一家手机制造厂进行了一场关于隐私的试验，在几条生产线上加了移动式窗帘。结果显示，加了移动式窗帘的生产线的生产效率比其他生产线要高 10%~15%。伯恩斯坦发现隐私可以给中国工人带来一定程度的高产，于是他的团队又试验了几种方式来解决生产问题。我们可以从中得到的一点启发就是，可以在组织或企业当中设立一个"臭鼬工厂"（洛克希德·马丁公司高级开发项目的官方认可绰号，以担任秘密研究计划为主，研制了洛马公司的许多著名飞行器产品），或者说是"科研重地，请勿入内"，让大家可以尽情试验各种疯狂的想法。那些有价值的创新可以在一切将顺之后向大家分享。

在组织或企业的最为敏感的文件当中，其中一些是关于组织或企业的发展战略以及关键目标。可以将这些文件在组织或企业内部分享，这是一种建立开放的有效方法。谷歌在分享自己关键目标方面就做得非常好，所有的内部团队都知道谷歌公司的发展方向。这种信息可以帮助各团队根据公司的整体战略及时纠正自己的战略。透明的信息流动可以帮助员工把精力集中在实现期望上。

员工的绩效评估要不要也公开呢？在某种意义上说，大多数人都知道别人工作努力的程度。但如果将所有员工的绩效评估都公之于众的话，有可能会引起某些员工的难堪或是"陶片放逐"（陶片放逐法是古希腊雅典等城邦实施的一项政治制度，雅典公民可以在陶片上写上那些不受欢迎以及极具社会威望、广受欢迎、最可能成为僭主的人的名字，并通过投票表决将企图威胁雅典民主制度的政治人物予以政治放逐）。第二章当中曾提到，表扬应当在公开场合进行，而批评则最好在私下。我们可以公开员工的平均绩效水平，但员工个人的绩效则私下告知，这样也可以让员工形成有用的比较。如此，员工都知道自己是在平均绩效水平之上或是之下，员工和主管就能相应地调整工作流程和训练程度。

倒金字塔结构

在组织或企业当中每个部门的绩效表现都公开的情况下，大家都能看出人力资源、财务和管理部门为公司当中从事商品生产和提供服务的一线员工服务得怎么样。以这种方式，开放可以倒转传统的管理金字塔结构。这就能让组织或企业的全体员工站在同一个角度，来实现组织或企业的整体绩效目标，并打破各部门间的藩篱。开放可以将整个组织或企业凝聚和协调成一个朝着共同的目标迈进的团队。

维内特·纳雅尔（Vineet Nayar）在 2005 年担任 HCL 科技公司的总裁后就着手提高公司的开放程度。当时，HCL 只是印度一家二线信息技术供应商，不仅员工流失率高，而且软硬件销售的盈利水平持续走低。在 2006 年度的公司年会上，纳雅尔宣布了一项"员工第一，客户第二"的企业文化变革。其中第一项改变就是跟踪各部门为员工服务的效率。

HCL 公司设计了一种"智能服务台"，员工可以提交一份电子客票来寻求行政管理部门的帮助。电子客票的解决时间都会被跟踪，而且每个人都可以查看进度。这种开放措施提高了效率，展示了领导层为一线员工服务的决心。管理人员也要对自己的直接下属负责。所有的管理人员都要接受 360 度反馈，而且只为了一个目的：提升绩效表现。纳雅尔公开表示 360 度反馈不会对薪酬造成影响。第三章当中曾提到，这种紧密的反馈环节能使大脑将结果与奖励实例化，从而促使大家实现高效表现的习惯改变。

作为另一项促进开放的举措，纳雅尔和 HCL 的高管开始每年制作一份视频，详细阐述公司在下一年的战略，并将该视频分享给每名员工。之后，纳雅尔还会和高管们一道，奔赴 HCL 在印度及其他 35 个国家运营的分公司当中的一部分举行全员大会，解答大家对公司新战略计划的疑问。这些全员大会都是自愿参加的，但是许多地方的员工出席率往往能达到 75%（考虑到交通等因素，这几乎是能达到的最高水平了）。纳雅尔甚至开始公开分享自己及公司高层的 360 度反馈，如此大家都可以清楚地看到他们做得怎么样，还有什么需要改进的地方。谷歌和麦肯锡的高管也同样在分享自己的 360 度反馈，向所有员工展示实现绩效表现目标的重要性。到现在，HCL 已经成为全球一流的信息技术公司，年收入达 60 亿美元。

实现开放的最佳方式是面对面。用邮件来处理工作问题具有很大的吸引力，但是当分享重要信息的时候，要尽量避免采用这一方式。我的实验室进行的神经科学实验显示，面对面的互动比文本或视频信息相比有着更高的神经系统敬业度。当和别人面对面交流的时候，我们会无意识地感受到别人的肢体语言、面部表情甚至是气味，可以帮助我们获得语言之外的许多有价值的信息。最好再关闭自己的手机，给予对方全部的注意力，以此来将自己的影响最大化。一对一的会面能有效地促进开放。

当我们和别人面对面交流的同时也是在对感情进行投资（第七章当中会详细讨论）。即使要传达的信息是不太令人愉悦的，当面告知的效果也是最好的。

减少不确定性

关于组织或企业将来会发生什么的不确定性带来的慢性压力会影响我们大脑的某些部分，从而打击我们的积极性和认知能力。不确定性会令我们对潜在的威胁高度敏感：我们要对身边的一切高度提防，因为危险可能无处不在。这就占用了大脑其他部分的神经带宽，降低我们的注意力和工作效率。我们还会失去合理评估未来事件和整合不同信息源的能力。不确定性让我们的大脑和身体处于高度戒备状态，让我们随时准备当狮子出现时赶紧逃命。在企业当中，"狮子"往往指的是解雇通知单。在严格的神经学上来讲，在面临高度不确定性的时候我们是不能正确思考的，遑论成为高效的团队成员了。

开放可以为大家带来一种方向感，从而降低不确定性造成的压力。我们人类的大脑是一种寻求模式的器官。如果没有模式可循，我们就不能正确理解自己所处的世界，由此被压力所支配。对于员工来说，知道自己所在的组织或企业接下来何去何从至关重要。如果我们可以对员工分享组织或企业为什么朝着某一方向迈进，员工就可以建立一个可能结果的模型。这就可以减轻员工的认知负荷，让他们更为高效地工作。即使前景并不是一片光明，员工至少知道接下来可能会发生什么，并做好相应的准备。

当员工知道自己的公司将何去何从时，他们可以广泛地分享这一信息。举个例子，开放程度高的公司往往允许自己的员工在社交媒体上谈论自己的工作。虽然需要有关于分享的相应规则，但是在推特、脸书网、照片墙（Instagram）等社交媒体上分享工作上的事可以很好地对内和对外展现开放式企业文化。在 2000 年，美国太阳微系统公司（Sun Microsystems）的首席执行官乔纳森·施瓦兹（Jonathan Schwartz）开始在博客上记录太阳微系统公司的商业决策，甚至当公司被甲骨文公司（Oracle）收购后还在推特上用一首俳句（haiku，是日本的一种古典短诗）宣布了自己的辞职。美国西南航空公司创办了一个"网上饮水机"，这是一个叫作"西南航空狂热"的博客，员工可以在上面记录自己在工作和个人生活中的点滴。美捷步的员工还可以在上班时间在公司发推特。就连因自上而下式管理著称的微软公司，工程师现在也可以在社交媒体上分享关于自己项目的未经审查的视频和博客。随着社交媒体的兴起和无止境的黑客攻击，现在还有什么私密可言？何必为了不必要的秘密做无谓的尝试呢？谷歌现在不仅仅是搜索引擎，更是一个名誉管理系统。开放可以让阳光洒到每个人的工作当中，从而移除欺瞒、偷盗乃至犯罪的生存空间。

我们还可以对客户也展示开放，讨论公司策略、新产品理念以及产品可用度等等，从而建立公司与客户之间的强大联系。这种方式可以建立起四处推荐公司及产品的"狂热粉丝"。如果通过对信息进行扭曲加工或者是过滤而试图维护最佳形象，这样的公司往往会在真相浮出水面后遭到报应，搬起石头砸自己的脚。而真相总会浮出水面。如果一开始就开诚布公，又怎么会轻易地惹麻烦上身？

把开放作为默认项

美国在线调研平台 Qualtrics 采用了激进式开放来保证员工的高敬业

度与协作精神。Qualtrics 的首席执行官瑞安·史密斯（Ryan Smith）曾说：
"我们雇用员工是让他们思考的。而员工想要思考的话，就需要得到公司发展方向和目标的信息。"该公司会向其 1000 多名员工分享各类报告、备忘录以及各项目信息，以让大家知道彼此手头的工作。这样员工就不用凑在饮水机旁打探各种小道消息。该公司还会定期举行喝彩，让表现最优秀的员工得到认可，并为其他人树立榜样和期望。史密斯认为，信息分享和喝彩可以帮助公司挽留住优秀员工。

　　当犹豫不决的时候，请把开放作为默认项。因为与试图隐藏信息相比，开放可以节省时间和精力。虽然这可能不符合大家的传统认识，但是只有当每个人都可以获取信息的时候，大家才会清除每项决策背后的原因，避免措手不及。全食超市和乔氏超市（Trader Joe's）会每季度向员工公布损益表，还会花钱为员工提供培训，保证每名员工都可以读懂损益表。这就能保证主管与员工之间关于各岗位创造价值真实信息的流动，还能将大家的注意力放在实现绩效目标上。

　　全食超市的创始人与首席执行官约翰·麦基就指示，全食超市还要分享门店运营的各种信息，以此来激励员工实现目标以及节省成本。而如果某一分店不能实现盈利的话，可能就需要搬家了。全食超市每家分店的运营方式就像是独立的公司一样，分店的团队自主寻求当地食物货源、招聘员工以及举行促销（放权）。而如果每家分店的管理人员没有得到开放所提供的衡量店铺成本、收入以及其他分店运行方式等信息，这种独立运营方式就不可能实现。开放可以让大家了解期望背后的原因，以及喝彩背后的努力。如果没有开放，员工就会偏执于各类小道消息和对未知的恐惧。

打造主人翁意识

第五章当中曾将塞氏企业列为高放权度企业的典型，其实该企业的开放度也相当高。塞氏企业会将工资和生产数据等信息在全公司分享。如果某位员工想继续留在某个工作小组内，必须得到之前与他共事的8~12同事的同意，而是否同意是基于该员工之前的绩效表现和成本。到了某一项目是否需要进行下一步的时候，"顾问"会收集各相关员工对该项目的意见，然后由员工投票决定。塞氏企业的创始人里卡多·塞姆勒相信，员工需要大量的信息来进行自我管理并为企业贡献价值。

晨星公司也在通过安装在各处的电子显示屏提供各种传感器传来的丰富的实时信息，其中既包括进入番茄种植园的卡车数量、每辆卡车上装载的成熟西红柿占比，还包括番茄加工的速率。而且整个企业都知道每个工作小组各自的目标。在参观晨星公司的工厂时，我被这些展现整个生产过程实时情况的显示器所深深吸引住了。还有人想偷懒吗？太少了，因为一旦偷懒，整个工厂的人都会看到。这样丰富的信息流鼓励员工在做决定时拿出主人翁的意识。

公共部门也可以建立开放的企业文化。2013年担任华盛顿州政府企业服务部部长的克里斯·刘（Chris Liu）在上任伊始就着眼开放进行了一场企业文化的变革。刘首先放弃了自己的办公室，以把时间用在与各团队共同工作，为员工设立清晰的目标以及以良师益友的方式为员工提供及时的反馈上。他还购买了软件在内部公开各项工作流程，并追踪各项任务进展的速度与质量。后来，他还将工作流程在网上对外公开，进一步提高了员工的责任意识。企业服务部下属的100多个团队每天都有碰头会，刘每个月还会安排州长杰伊·英斯利（Jay Inslee）参加的全员大会。各部门的主管离开自己的办公桌，从下属员工那里获取并分享信息，并快速解决各类问题。结果如何？工作流程的平均步骤由 93 降至了 65，返工概率下降了 35%，每月生产效率上升了 61%。

信息公开透明的步骤

如何在组织或企业当中推行开放呢？第一，领导者需要广泛地分享信息。每周设立期望的周会还应当讨论目标设立的原因等细节。第二，通过每天各小团队（5 至 7 人最佳，最多不要超过 15 人）的碰头会来进一步促进开放。如此可以分享切身关切的信息。第三，向杰尔·斯特德学习，定期提供解答所有人问题的会面机会。我们可以把会面称为"和查理一起畅享巧克力"或"和塔拉一起品茶"，等等，以此来突出会面的非正式和开放。在我自己组织的"和教授一起享用饼干"的会面当中，我就了解到很少接触的人们身上许多不可思议的事情。通过这种少量的时间投资，我所接触的人，我所在的组织以及我本人都获益匪浅。

接下来就要考虑将各项工作流程及相关文件公开，供人检查。就像全食超市的做法一样，员工可能需要相关的培训才能理解各种财务数据。但是只要将信息传达给员工，他们就会开始思考自己所做出的选择将如何影响组织或企业的重要目标。你所在的组织或企业是否有薪酬公式？像巴佛软件公司那样将工资的计算方式公之于众，可以解开员工的很多疑惑，减轻他们的一项主要压力。如果我们不想将确定薪酬的全部信息公之于众，可以公开每一薪资范围的员工人数。这样就兼顾了开放与隐私。一旦文件离开了董事会会议室，就可以考虑将之公开发布到网上，让顾客（以及竞争者）阅读。如果我们对自己的工作感到自豪，而且可以赢利，那么公开我们的战略内容与考量可以拉近与客户的距离，提高客户黏性，也不会让我们的竞争者占便宜。

周一清单

· 将季度资产负债表向所有员工公开，并确保员工知道如何读懂。

· 组织定期的全员会议，分享目标与重要成果。

· 购买或开发可以实时显示全公司工作流程与进度的软件。

· 公开高管会议的会议记录，并附上一份总结来解释决策的原因。

· 设立并公开工资与奖金的计算公式。

CHAPTER

第七章

善待员工，公司才能做大做强

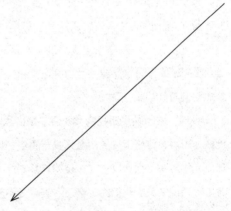

企业管理问题，归根结底是人的问题。任何企业想要成功，必须善待自己的员工，这是管理者们的一堂必修课。员工的心，企业的根，只有重视人的问题，企业才能做大做强。

　　"美国的企业正在摧毁美国。"在参观贝瑞·威米勒集团位于圣路易斯市的总部时，该集团的董事长鲍勃·查普曼如是对我说。大多数的企业将员工看作是"人力资源"，因此对待员工就像是可以替代的机器，而不是活生生的人。查普曼于 1975 年在自己父亲意外死亡之后开始执掌贝瑞·威米勒集团，当时这家集团规模很小并且已经濒临破产的边缘。而到了现在，贝瑞·威米勒集团的业务遍布全球五大洲，员工总数 1.1 万人，年收入达 24 亿多美元。贝瑞·威米勒集团在经济上的成功就是靠着查普曼对员工的关爱。该集团的宗旨声明就是"我们的业务就是培养优秀的人才。"这一点是如何实现的呢？贝瑞·威米勒集团每收购一家公司，就会在该公司建立起关爱的企业文化。查普曼曾说："员工茁壮成长，公司就会茁壮成长。"

　　贝瑞·威米勒集团收购威斯康星州格林贝市的一家经营不善的纸加工机械公司后，将该工厂关门数周进行重组，以让新来的管理者和工厂员工打成一片。在一次会议上，一位持怀疑态度的工会员工说道："我想从你嘴里听到说你关心我们的工会。"查普曼不假思索地回答："我一点都不关心你们的工会……我关心的是你们。"查普曼认为自己和管理团队身上都背负着神圣的契约，那就是善待自己的员工，让他们每天健健康康快快乐乐地回家。贝瑞·威米勒集团的员工对此很受用：有 79% 的员工认为自己得到了公司的关爱。

　　贝瑞·威米勒集团的成功说明，关爱员工的企业文化可以为企业强基固本。与同事保持良好的关系，会让工作看起来不像是工作，而像是和朋友们一起做事。不仅仅是只有贝瑞·威米勒集团才会这样。美国人力资源管理协会的一项调查显示，同事间以及上下级间的良好关系可以直接提高激励作用。

关爱可不是什么新潮的、只是让人感觉良好的管理趋势。各行业的学术研究显示，倡导关爱的组织或企业能够创造更多的价值。新兴产业和传统行业都在越来越多地推行关爱。百事可乐公司的第一条指导原则就是关爱；美捷步将关爱作为其十大核心价值之一；协同软件 Slack 公司将同理心作为一项核心价值；领英实行的是"富有同情心的管理"；全食超市的管理原则当中反复提到"爱"这个词。

作为社会生物，和他人建立关系是我们的天性。但是在工作当中，我们会被建议违背这一天性，甚至避免建立感情。盖洛普的一项调查显示，同事当中有特别好的朋友的话，员工在工作任务当中的敬业度要更高。我在不同行业进行的现场实验也发现了类似的效应：认为自己工作在关爱环境当中的员工具有更高的生产效率和创新能力。关爱带来的效果不仅仅是不用每天守在门口看有没有人迟到，而且可以促进管理、工作效率和乐趣。工作单位也是一个社区，而关爱则可以让这个社区更好地开展工作。

团队合作和实现期望带来的挑战压力可以刺激催产素的释放，而催产素可以增加工作同事间的移情作用，即同理心。鼓励关爱的组织或企业不仅不会阻碍这一过程，还会深入挖掘人类这一非常重要的特性。催产素释放带来的同理心也是道德行为的基础。正如第五章当中所介绍的那样，员工具有了同理心，就没有必要再为他们设置烦琐的各种行为守则。

所以奉劝大家千万不要禁止工作当中的社交。麻省理工学院媒体实验室的一项研究显示，允许员工花时间来相互了解可以增进信任。在工作当中提供一些零食或者是工作餐也是建立和促进社会关系的好方式，因为这样可以让大家享受放松的氛围，从而促进催产素释放（所以我们很多工作都是在吃饭的时候谈）。鼓励员工社交可以先从提供必要的场地开始，比如说乒乓桌台，或者是咖啡厅。试图互相了解是人类的天性，所以堵不如疏。放心吧，大家在社交之外不会忘记还有挑战性的期望等着他们去实现呢。

员工伤亡是否不可避免？

美国铝业公司是美国最大的铝业公司。1987 年查理·帕里（Charlie Parry）卸任首席执行官之前，美国铝业公司在数十年间一直都面临同样的问题：总是有员工在工作当中受伤，甚至是死亡。人们会觉得，这毕竟是重工业，员工伤亡是在所难免的。当保罗·奥尼尔（Paul O'Neill）被任命为美国铝业公司新任首席执行官的几个月后，一位 18 岁的员工为维持生产线运行，翻越护栏去清理运行当中的设备，结果失去了生命。可怜他怀孕的女友年纪轻轻就成了寡妇。"是我们害死了他。"奥尼尔对自己的管理团队说。

奥尼尔从执掌美国铝业公司的那一刻起就特别重视员工的安全，有时甚至到了让董事会抓狂的地步。美国铝业公司每年因为员工伤亡带来的停产、保险费用和医疗保健造成数百万美元的损失。在奥尼尔看来，一次员工伤亡都嫌太多。根据联邦政府的数据，在 20 世纪 80 年代美国铝业公司的员工人均事故率在全美排在前三分之一。如果员工真的是美国铝业公司最为宝贵的财产，那么为什么他们没有得到有效的保护？奥尼尔意识到，需要进行一场企业文化的变革，并设立一个清晰的目标：零伤亡。怀疑者们哂笑了。

为实现零伤亡，奥尼尔设立了一个团队来专门调查每次员工伤亡事故，找出每次事件的原因，并改变原生产流程以避免将来再次发生。这个安全团队直接向他汇报，并且有权当即采取保护员工的措施。奥尼尔所采取的措施不仅于此，他还要求每天早上拿到一份报告，上面列出每名因病请假的员工以及各自的原因。在得到这一数据后，奥尼尔会让工厂的医护人员每天给每个请病假的员工打电话，询问公司可以为员工提供什么样的帮助。需不需要派辆车把员工接去看医生？需不需要送药上门？在接下来的 10 年里，美国铝业公司的伤亡率降低了 93%，在全美百分位排名中仅为 5%（比 95% 的公司都低）。在此期间，美国铝业公司的劳动生产率飙升，利润自然也水涨船高。在奥尼尔执掌美国铝业公司的 12 年间，该公司的市值由 30 亿美元一路高歌猛进至 280 亿美元。

美国阿奇煤炭公司（Arch Coal）借鉴了美国铝业公司所采用的许多"安全第一"的方法。阿奇煤炭公司是全美第二大煤炭生产商，年收入达 40 多亿美元。该公司的宗旨就是"完美零事故率"，意即"让每名矿工平平安安健健康康回家去"。在这样一种关爱的企业文化当中，每名员工都可以在发生危险之前指出危险情况。阿奇煤炭公司的损失工时事故率仅有 0.46，不到行业平均水平 2.52 的五分之一。

基层员工需要安全感

人身安全是关爱文化所必需的，但具有关爱文化的组织或企业还需要营造情感上的安全。正如第三章中所讨论的那样，为员工设立较高的期望可以提高敬业度。但是，如果主管不能意识到有时候目标确实无法实现，就会显得缺乏同理心。尤其是同事或团队为了实现这一目标已经竭尽了全力。关爱文化就是要创造一种员工的情绪可以得到认可并接受的工作环境。因为人的天性如此。员工们并不是机器人，所以请不要像对待机器人一样对待他们。

有时候，和人建立感情也会推动整个组织或企业的关爱文化。尤其是那些离群索居的员工，他们需要更多的帮助和支持。我教过的学生当中有一名天主教神父，他曾向我描述自己修道院当中的另一名神父。该神父是常春藤名校毕业的博士，年纪轻轻就在某家名校教书并且担任多个高级行政职务。在工作一段时间之后，他接到指示回到自己家乡小镇的修道院工作。没承想，当地教区的信众非但没有夹道欢迎他，反而觉得他有些自负。这名神父越发觉得自己孤独。有一天，修道院的院长邀请他驱车简游。在开出去几英里之后，院长把车停了下来，和他说道："就算别人都不关心你，我也会的。"然后院长给了他一个拥抱。这个简单的关爱行为就是他和其他神父一起融入当地教区的良好开端。在组织或企业当中，也可以采用类似的方法帮助那些"不合群的人"融入大家庭。很多时候，那些"难相处的人"需要的仅仅是一点认可和关爱。

如果要将每名员工当作是拥有自己怪癖和天赋的独立个人来看待，就要有足够的耐心。虽然每天忙忙碌碌、精神高度集中的管理者做到耐心有些困难，但是耐心可以向大家展示关爱的一面，并接受每个人的怪异（耐心毕竟是一种美德）。耐心的真髓在于困难处境当中的忍耐。在遇到困难的时候，受到关爱的员工会彼此扶持，共渡难关。第四章当中曾提到，激发创新的重要的一点在于接受每名员工用不同方式来完成任务。从主观的立场来看，这就需要足够的耐心，因为人们在弄明白如何完成一项任务的过程中难免会犯错误。关于这一点，职业棒球运动员以及后来的棒球经理查克·塔纳（Chuck Tanner）鞭辟入里："管理无非三个诀窍。第一要有耐心，第二要展现耐心，第三也是最重要的一点就是耐心。"

如何营造关爱的工作环境呢？一条建议是多注意身边人的感情，并把自己的观察表达出来。感情是一种非常重要的信息，如果领导者没注意到这一点那就危险了。当经过某名员工时，不要采取"嗨！约翰，最近怎么样？"这样的说话方式，因为这样说话的时候我们往往并不是在寻求回答。不如试着解读一下约翰的感情状态，然后换一种方式，比方说"嗨！约翰，你今天看起来有点累／快乐／难过／担心。你还好吗？"
通过将自己的观察表达出来，我们可以得到非常重要的信息，包括团队
成员在工作当中的敬业度以及是否需要指导和帮助，需要什么样的指导
和帮助。更重要的是，关爱可以让大家感受到你将他们看作是有血有肉
的人。关爱的企业文化可以为信任创造必要的条件，并让不同个性的人
都能感受到自己是团队当中的重要一员。

淡紫色代码

将近一半的医生在职业生涯当中都曾有过身心交瘁的感觉，这一比
例在所有行业当中最高，而护士行业也好不到哪儿去。为解决这一难题，
美国的克利夫兰医学中心（Cleveland Clinic）采取了一种创新性的方法。
与医疗急救系统当中的"蓝色代码"类似，"淡紫色代码"会让医院的
其他同事知道佩戴者正在面临着极度压力或者是感到身心交瘁。整家医院，
从技师到护士再到医生的每个人可以在心力交瘁的时候申请一个淡紫
色的手环来戴，比方说尽心看护的病人最终还是难逃一死，或者是已经
连续工作好多天了。这个手环的作用不仅仅在于告诉同事们佩戴者的感
情可能比较脆弱，希望他们多多理解，还有全体护理护士团队为佩戴者
提供按摩和健康的零食、精神支持、正念训练、心理咨询以及瑜伽课程。

斯坦福大学校医院的一项小型研究当中，在"淡紫色代码"项目开
展后，感觉自己得不到管理者支持的临床人员由之前的24%降到了不足
3%。虽然在数据当中并没有体现，但是我们有充足的理由推测，为这些
临床人员提供关爱的人们，他们的工作动力因为这个项目而增加了。

巴基斯坦伊斯兰堡的国际伊斯兰大学的一间实验室对关爱与生产率
之间的关系进行了量化研究。在该实验当中，研究者首先对所有受试人

员公布了一个报酬标准。在布置的任务开始前,研究者对一组受试者宣布,他们得到的报酬将比之前宣布的要高 17%,还有一组的受试者则每人收到了一封针对个人的感谢信,感谢他们在接下来工作当中的付出。这里很重要的一点是,这些感谢信并没有提到任何与工作表现相关的事(那就是喝彩了),而是仅仅表达了研究者对受试者的关爱。实验结果显示,与对照组相比,得到 17% 的意外多余报酬的那一组受试者生产率提高了21%。不过关爱干预的效果比金钱激励更为有效:收到感谢信的受试者生产率提高了 30%。而且,这种关爱干预可以说是一分钱没多花。

其他可以帮助建立关爱文化的措施还有:当地社区的带薪志愿服务;公司提供的日间托儿所,并允许员工在工作时间去看望自己的孩子;还有允许把狗带到办公室。我的实验室在研究当中发现,帮助他人的志愿服务、和孩子在一起以及狗都是强大的催产素兴奋剂。在大脑释放催产素后,接下来的 30 分钟里,员工的同理心会得到加强。这也就是说,如果我们可以在工作休息时间看望一下自己孩子的话,回来后的 30 分钟内,我们身上的压力会轻很多,同理心会更高,和他人的合作也更加顺畅。除了为员工们准备正餐和零食之外,不妨尝试再提供些啤酒和红酒,鼓励员工们在工作结束之后多一些交流。在我自己的实验室里,我认为花在买啤酒上的钱特别划算。因为实验室的研究人员在工作结束后的时间里对彼此有了更为深入的了解。当我们了解另一个人之后,自然而然地就会开始关心对方。如此大家一起工作就会更为简单。

禁止拉帮结派、排除异己

其实早在谷歌公司将食物和娱乐设施作为吸引最优秀工程师的合乎社交礼仪的福利之前,20 世纪 30 年代,当华特·迪士尼在加利福尼亚州创立以本人名字命名的动画工作室时就已经采用了同样的做法。迪士尼动画工作室里每天下午四点钟开始供应啤酒，此外还有供员工娱乐的排球场、垒球场以及乒乓球台。华特·迪士尼会和员工们一起参加活动并畅饮啤酒。此举无疑向员工展示了他发自内心的关爱（第九章当中会进一步详述）。华特·迪士尼还规定，每名员工每周都有 3 天的无理由带薪病假。员工的休假制度也非常灵活，待遇很优渥，股票奖励也很普遍。华特·迪士尼想建立一种具有包容性和关爱的企业文化，让每名员工都能精益求精。毫无疑问，迪士尼的员工都做到了。

　　许多成功的企业都是围绕着关爱文化起家的。塔塔钢铁公司的母公司是年收入达 1000 亿美元的印度塔塔集团（Tata Group）。早在 1912 年，塔塔钢铁公司就采取了 8 小时工作制，是最先采用这一制度的印度公司之一。在那之后不久，塔塔钢铁公司还向员工提供了包括免费医疗、养老金、培训项目和产假等福利措施。该公司还专门成立了一个管理咨询团队，以促进员工与主管之间的沟通。塔塔集团的宗旨是"值得信任的领导力"。而且这一宗旨并不是喊喊口号而已：塔塔集团一直是印度信任度最高的企业之一。

　　工作场所之外的地方也可以有效推进关爱。巴塔哥尼亚户外运动公司每年会关闭自己旗下所有的零售店来组织一场"户外活动日"。每家零售店的员工通过投票决定户外活动的地点和项目，其中最受欢迎的项目包括野营、远足、自行车骑行、飞钓等。户外活动日的设立旨在让团队成员在享受户外时光的同时促进彼此之间的情感纽带。本来大家对户外运动的兴趣就是彼此建立友谊的天然基础，户外活动日能更好地促进这一过程。巴塔哥尼亚公司的许多员工在工作时间之外也会自主进行社交活动。在休假期间，他们会相约骑自行车到当地的酿酒厂去品尝美酒，一起攀岩，或者是一起去海滩冲浪。建立工作之外的感情可以让我们的工作更像是娱乐。

对于工程师们来说，关爱文化也是非常重要的。斯坦福大学曾对美国硅谷的软件工程师进行过一项研究，发现喜欢对别人的项目施以援手的软件工程师不仅能赢得同行和同事的尊敬与信任，自己的工作效率也可以得到提高。谷歌公司对自己最优秀的管理人员的研究发现，这些管理人员"对团队成员的成功以及幸福表达出了兴趣和关心"。换言之，谷歌公司最优秀的管理人员都有关爱之心。他们明白，员工有着自己的职业目标和个人目标，而管理人员的工作就是要帮助软件工程师们实现这两种目标。谷歌公司的软件工程师毕竟也是活生生的人，也有着常人的需求。

2015 年，《纽约时报》上面的一篇文章大肆抨击亚马逊公司缺少关爱。看到这篇文章后，亚马逊公司的首席执行官杰夫·贝佐斯写道："这样缺少同理心的行为不应出现。"他请亚马逊的所有员工，只要发现关爱缺位的情况就可以直接给他发邮件反映。亚马逊公司的许多投资者和负责技术的高管并不认同《纽约时报》这篇文章的说法，在他们看来，亚马逊公司不会接受"C+ 水平的工作"是因为这是一家有着较高期望的公司。组织或企业在平衡高期望与关爱的过程中难免会遇到紧张关系。缓解这一关系就需要通过管理实验，以让高期望与关爱都能完美融入企业文化。

互相帮助的企业文化

艾迪欧设计公司营造的关爱企业文化当中无处不体现着互相帮助。艾迪欧公司本身还具有高放权的企业文化，资深设计师会对各项目组提供指导和建议，但绝不是发号施令。与此同时，各团队的成员也在互相合作、互相帮助。哈佛大学的一项研究显示，艾迪欧设计公司的员工当中，有89%都曾对别人的项目施以援手。这些提供帮助的员工在别人心目中是什么样的人呢？他们被认为是最有能力且值得信赖的。艾迪欧设计公司从人才的招募到企业文化的营造，都在传达一种信息，那就是帮助别人解决问题不仅会得到尊重，本身也是一个享受的过程。如果有读者关心这种帮助是否会得到物质上的回报，答案是绝对没有。互相帮助已经深深地融入了他们从头脑风暴、提出原型再到设计测试的全过程。

艾迪欧设计公司的创始人大卫·凯利（David Kelly）曾表示想雇用的是自己最好的朋友。这是一个非常明智的方法，可以很好地说明，与我们喜欢并且关心的人一起工作能促进工作当中的合作与快乐。当我拜访艾迪欧设计公司的各个办公室时，我能看出那里的员工都有着非常高的情商。不仅仅是员工的情商高，艾迪欧设计公司的创始人还营造了一种关爱的企业文化，很好地发挥了人类乐于助人的天性。当我为艾迪欧设计公司进行一场为什么关爱可以有效建立高信任度企业文化的演讲时（当时艾迪欧的员工们正在享受公司提供的午餐），我注意到总经理汤姆·凯利（Tom Kelly）赞许地点了点头。艾迪欧设计公司的员工在为客户提供设计服务之前，会对客户的现实需求以及情感需求进行详尽的"人种学研究"。同样的方式也用在了营造关爱文化当中：他们几乎在做任何事的时候都会考虑同事们的需求。

在大多数人看来，医生是最难找到同理心的职业之一了。50年以前，如果有人对医生说"治疗与关爱是密不可分的"，大多数医生都会一脸茫然，"这还用说吗"。现如今，随着管理式医疗护理的出现，以及医院越办越大，现代医院主要依靠的是医学技术，而不是医生的人道主义精神。许多病人都对自己接受的治疗感到不满。缺少关爱的照顾有时并不能取得谅解（而且会引起医疗事故纠纷的上升）。面临这一现状，美国麻省总医院的精神病专家海伦·里斯（Helen Riess）创立了一个医生的同理心培训项目。结果显示，经过该项目培训的医生能明显更好地理解病人，由此带来了病人治疗效果的提升以及医生心情的改善。该项目引起了许多医科学校的注意。到目前为止，美国的杰弗逊医学院（Jefferson Medical College）、杜克大学以及哥伦比亚大学等学校已经将同理心培训加入到课程当中。杜克临终关怀中心（Duke Center for Palliative Care）的主任詹姆斯·A. 彻思奇（James A. Tulsky）发现，与未接受同理心培训的医生相比，接受过培训的医生更能得到病人的信任。既然医生可以通过培训增强同理心，组织或企业也能采取各项措施推动关爱文化。

开心休假，满血归来

休假也是关爱文化的重要部分。通过休假，可以给大家提供时间来让生活焕然一新。除了不设定期限的休假之外（第五章），带薪休假也是为员工重新注入活力的有效方法。目前，仅有约 5% 的公司提供带薪休假这种关爱文化的福利，但是人们对带薪休假的呼吁却在与日俱增。麦当劳在 20 世纪 70 年代就开始实行带薪休假的制度，是实行这一制度最早的公司之一。麦当劳的员工每连续工作满 10 年，就可以享受一次 8 周的带薪休假。这一休假制度起到了非常好的效果，最近麦当劳又开始增加了一项"周年潇洒"制度，即工作满 5 年就可以享受到 1 周的带薪休假。麦当劳希望员工在带薪休假期间可以多出去看看，学习一门新语言，或是参加志愿者活动，这样他们可以带着饱满的精神以及新鲜的想法继续工作。

计算机芯片制造商英特尔公司也有带薪休假制度，并且还不得不采取措施让员工把手头的工作停下来去好好放松。英特尔公司员工在休假时不得进入办公室，也不能处理公司邮件。此举是为了让员工在两个月的休假时间里彻底"消失"，不要总惦记着公司的事情。近来，嘉信理财（Charles

Schwab）等金融服务企业以及晨星公司也开始采取带薪休假的制度。根据晨星公司推出的政策，员工在连续工作 4 年后就可以享受为期 6 周的带薪休假。晨星公司的首席执行官乔·曼苏埃托曾表示自己的团队在努力"营造一种工作环境，不仅让大家在工作当中发挥出色……而且在这里建立长期的职业生涯"。

主唱综合征

领导者需要在关爱上多费一些心思，因为当人们当上领导或是老板的时候会面临神经系统化学物质的改变。无论男女，在走到领导岗位之后，体内都会释放更多的睾酮。睾酮会抑制大脑当中催产素的合成，而催产素正是让我们关爱他人的神经化学物质。在别人展现自己的优势地位时，我们可以很容易看出他们身上睾酮水平的上升。不妨想象一下唐纳德·特朗普（Donald Trump）和杰克·韦尔奇（Jack Welch）穿着 5000 美元一身的阿玛尼衣服从自己的私人飞机上下来的样子。滚石乐队的吉他手基思·理查兹（Keith Richards）就将乐队主唱米克·贾格尔（Mick Jagger）的自我放纵称为"主唱综合征"。当我们成为主唱或是首席执行官时，我们体内上升的睾酮水平能把我们变成讨人厌的家伙，因为睾酮让我们的大脑以为全世界都是围着我们转的。要始终记住，精彩的演出绝不是某一个人的功劳。米克·贾格尔再厉害，他也不能一人包办滚石乐队的演出。只有被睾酮蒙蔽了双眼的"阿尔法男"才会情不自禁地以为所有的功劳都是自己的。

既然如此，如果我们是首席执行官、部门主管或是起步公司的创始人应该注意些什么呢？首先要小心的就是不要染上"主唱综合征"。有了这种意识后，我们可以选择避免把公司当作是自己舞台的这种想法。

然后花时间好好想想自己的行为如何影响身边的人。试着从值得信赖的顾问那里得到真实的反馈，尤其是公司之外的人们。戴尔公司的董事长兼首席执行官迈克尔·戴尔（Michael Dell）发现戴尔公司大多数高管任职不到几年都会选择退出，这时他身边最为亲近的一名顾问告诉他为什么：没人愿意与他共事。2001年戴尔公司的一项调查显示，该公司一半的员工如果有机会的话都会选择离开。于是，迈克尔·戴尔聘请了一位高管顾问来帮助他提高社交技巧并成为一个关爱员工的领导者。他还在自己的办公桌上摆放了许多道具来提醒自己做出行为上的改变。其中一个道具是一个塑料推土机，意在提醒他自己不要像推土机一样在别人身上碾过；还有一个道具是好奇猴乔治的填充玩具，意在提醒他自己要注意倾听别人的声音。这些措施奏效了。戴尔公司的员工离职率降了下来，团队协作也有所好转。

一名学生曾问彼得·德鲁克商业中最重要的是什么。德鲁克在停顿片刻后答道："良好的习惯。"为节约能量，我们的大脑会设置行为的默认模式，因此习惯的改变有些困难。但我们的大脑又是可塑的，可以随着时间而改变。所以，每一位领导者都可以做到关爱——只要付出足够的努力。

我们可以有意识地避免展示自己优势地位的行为来驾驭体内的睾酮水平，并建立关爱的企业文化。作为领导者，开会时不妨坐在桌子中间而不是在尽头，这样可以向大家传递一种信号，那就是每个人的声音都可以被听到。此外，与其每天穿着只有自己买得起的高档西服，不如和大家穿一样的"制服"。至于出行，可以和大家一起乘坐经济舱，而不是乘坐自己的私人飞机。不管怎么说，大家都是一个团队的成员。角落里的豪华大办公室有什么好的呢？不如和其他管理者分享一间办公室，这样别人也能从我们身上学到一些东西（我们也能向他们学习）。

办公室的装饰有时也会成为优势地位的展示。当雷富礼（A.G.

Lafley）在 2000 年接任宝洁公司的首席执行官之后，他将宝洁公司辛辛那提总部墙壁上的昂贵艺术品全部撤下，代之以世界各地普通人的照片。其中大多数的照片都是女性，而女性正是宝洁公司产品的主要购买者。这一简单地改变传递了一种信号，雷富礼关注的是"我们"而不是"我"。

2012 年，苹果公司的首席执行官蒂姆·库克申请放弃针对苹果员工的期权股股息。令人难以置信的是，他此举意味着自己放弃了 7500 万美元。通过拒绝这一大笔钱，库克失去了一次优势地位的展示。我们要明白，库克作为苹果公司的首席执行官薪酬优渥，再加上他手上的股票，执掌苹果 10 年会给他带来 5 亿美元的收入。然而，库克向外界展示了自己是一个具有团队精神的人，非常珍视平等待遇。作为苹果公司在史蒂夫·乔布斯后的第一任首席执行官，库克赢得了苹果员工的大力支持。

领导力离不开人性。韬睿惠悦咨询公司（Towers Watson）一项针对 29 个国家 32000 名员工的全球劳动力调查显示，关爱对于领导者创建高信任度文化是最为重要的。与那些得不到主管关心的员工相比，和关爱下属的领导者共事的员工的敬业度要高 67%。根据调查对象的反映，关爱对于他们比培训、福利甚至工资都更为重要。韬睿惠悦咨询公司在调查中还发现，关爱可以提高员工的留职率。

服务他人

关爱不一定需要自上而下地开展。在组织或企业当中，每个人都可以找到合适的方式为他人带来一点关爱。1977 年的一个周三，也就是美国的 SAS 软件公司成立一年之后，公司摆出了一碗 M&M's 巧克力糖，供那些为了下一个产品发布加班加点的员工享用。这是一种表达关爱的简单方式。后来，SAS 软件公司开始提供零食，此外还开始强调工作与

生活的结合。SAS 软件公司的合伙创始人和首席执行官吉姆·古德奈特
（Jim Goodnight）采用了"人人为我，我为人人"的方法。现在，SAS 软
件公司每年购买的 M&M's 巧克力就足足有 22 吨，每个周三都会放在罐
子里供员工们享用。该公司目前是全世界最大的私营软件企业，收益高
达 20 亿美元，总共有 1.1 万名员工。M&M's 只不过是一个小小的提醒，
让我们关爱别人的福祉。

关爱渗透到了 SAS 软件公司的方方面面。该公司为 850 名员工子女
提供现场托儿所，费用仅需市场价格的三分之一，还免费提供基本医疗
服务。根据公司要求，员工每周工作时间不能超过 35 小时。该公司的员
工流失率仅为 2%，位列全行业最低。古德奈特曾表示，SAS 软件公司的
企业文化是基于"员工与公司之间的相互信任"。这家公司连续多次被
评为全美国最佳企业雇主之一。

其实，SAS 软件公司的 M&M's 巧克力糖最开始是某一名员工自发准
备的。这也说明，关爱项目不一定非要由高层设计。在谷歌公司早期，
公司里就有自愿的"技术顾问"来倾听同事们关于职业发展的问题。后
来这种谈话又逐渐拓宽，变成帮助员工更好地适应谷歌公司的工作与
生活。谷歌公司的人力运营部对"技术顾问"的项目进行评估后发现，
最重要的其实是有人倾听。更有趣的是：那些"技术顾问"自己也在
倾听同事们的诉说当中获益匪浅，增长了对身边同事的同理心。许多学
术研究也印证了谷歌的这一发现。那些能展示出温暖与爱意的管理人员，
他们手下团队的表现也更为优秀。谷歌公司现在已经将该项目正式推广，培
训专门的"古鲁"（古鲁即上师，古鲁是梵文的音译，代表着神圣和最高
的智慧）来倾听同事们的诉说，并且就领导力、销售甚至育儿提供建议。
一名"古鲁"曾说："现在许多事情都可以自动化完成，但感情是不可能的。"

服装制造商露露柠檬公司（Lululemon Athletica）在每日的碰头会当
中也融入了关爱。开始的 5 分钟由管理人员来讲，讲完后会询问众人有

没有其他事情需要处理，如果有的话可以先行离开。剩下的人接下来主要谈论个人的事情，或者是工作当中遇到的难题，且都能得到及时的反馈与帮助。露露柠檬公司的领导层相信，这样的互动可以让同事把彼此当作鲜活的个人，而不仅仅是一起共事的员工。

让关爱无处不在

要想采取关爱措施，不妨从记住每个人的姓名开始。这对于大型组织或企业来说虽然有些困难，但是被记住名字的人能感受到我们给予的关注和关心。美国"彩衣傻瓜"投资顾问公司（Motley Fool）的共同创始人与首席执行官汤姆·加德纳（Tom Gardener）就运用这种方式来展现自己对员工的关爱。加德纳曾说过："如果你想创造一个社交氛围浓厚而且合作意识强烈的工作环境，就应当知道每个人的名字。"

关爱的企业文化不仅是员工们所渴望的，而且还能为公司的利益服务。美国克莱蒙研究大学的博士生格雷戈里·汉尼斯（Gregory Hennessy）利用了一款智能手机软件来测量员工的情绪以及能量水平，每天从早上8点到晚上10点测量6次，共测量了7天。这就成了员工在工作期间以及工作结束后的个人感受的随机样本，然后被汉尼斯比较了其与企业文化的关系。相较于关爱文化缺失的组织或企业，关爱文化下的员工有着更强的创造力，更高的敬业度以及更充沛的精力。汉尼斯还发现，关爱文化下的员工在工作当中能感受到更多的快乐以及更为清晰的目标感。快乐与目标将会在第十章中进一步讨论。

在关爱文化当中，关爱还能从员工传递到客户。最近一项研究显示，寻求新供应商的客户有70%是因为与之前供应商的销售人员有过不愉快的经历。由此不难推断，关爱文化的提升可以提振销售业绩。法国医药企业赛诺菲－安万特集团（Sanofi-Aventis）曾对一组销售人员进行了同理心培训。与没有接受该培训的对照组相比，接受同理心培训的销售人员组的销售业绩要高出 18%。美国运通公司（American Express）也借鉴了赛诺菲－安万特集团的这一项目，对一部分销售人员进行了培训。结果显示，接受过关爱培训的销售人员业绩比没有接受培训的要高 2%。可能有人会觉得 2% 只是一个小数字，但是这意味着增加了数百万美元的收入。

人才是一种竞争优势，必须善待

在一个关爱的企业文化当中工作并不仅仅是西方人的诉求。人类大脑解剖学发现，与他人的情感联系是全人类的生存需要。催产素的接收器让我们在得到别人关爱的时候感觉舒服，而这种接收器在进化早期的人类大脑中就已经存在。这就说明，我们对于关爱的需要早在人类出现的时候就已经存在。作为社会生物，我们单靠自己的力量什么都做不了，而当得到身边人关爱的时候我们可以做得更好。除了美国以及西欧国家之外，世界其他国家和地区的公司也开始意识到了关爱的重要性。

富士康科技集团是中国台湾的一家跨国企业，成立于 1974 年，是全世界最大的电子元器件制造商之一。该公司在中国大陆共有 100 多万名员工。2010 年，有 14 名富士康大陆员工自杀。这一系列的惨剧过后，富士康的创始人以及董事长郭台铭开始注重构建关爱的企业文化。他做的第一件事就是成立了全天候开放的免费咨询中心。接着，郭台铭要求管理人员参加培训课程，学习如何提供更好的关爱。

给予需要解雇的员工关爱也非常重要。美国的希望实验室（HopeLab）是一家创作提高人们健康水平的科技产品与游戏的非营利组织。这间实验室解雇员工的方式可以称得上是以礼相待、体贴入微，甚至欢天喜地。比方说，在解雇一名喜爱迈克尔·杰克逊的员工时，希望实验室组织了一次"战栗（Thriller）"风格的快闪。此外还举办了一个派对，气球、大充气球和美食样样都有。员工发展与文化部的副主管克里斯·默奇森（Chris Murchison）就称之为"一路走好"当中的"好"。默奇森还会利用自己的人脉为离开的员工寻找下家。优质的人才资源有限，善待包括不得不解雇的员工在内的每一个人可以在组织或企业内外释放一种清晰的善意，那就是我们的企业文化充满了关爱。

"他们不仅仅是员工，更是活生生的人"，这是彼得·德鲁克在2002年为《哈佛商业评论》（Harvard Business Review）写的一篇文章的标题。德鲁克雄辩地指出，公司的人才是一种竞争优势，必须得到善待。他在结语中说道："不管是人生还是工作，取得成功的最重要的能力就是同理心。"

归根结底，用善意对待每个人非常重要。美国亚利桑那州立大学雷鸟国际管理学院的一项研究发现，被冷漠对待的员工当中，有足足一半故意不努力工作，而三分之一的员工会降低工作质量。我们都是社会动物，充满关爱的社区和环境对于我们来说至关重要。冷嘲热讽、口蜜腹剑和破口大骂等与关爱文化背道而驰的行径对员工的感受以及行为方式都会造成长期的影响。我们都有情绪失控的时候，但是关爱的企业文化会时刻提醒我们需要努力善待身边的每一位同事。

周一清单

· 用说出你对员工情绪的观察来表现出更多的关爱。

· 通过开会时坐在会议桌中央和邀请其他人主持会议来避免优势地位的展示。

· 每天给请病假的每名员工打电话，了解他们需要什么样的帮助。

· 为下班后的社交活动提供啤酒和葡萄酒。

· 邀请员工带狗上班。

CHAPTER

8

第八章

注重细节管理

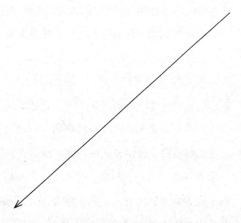

汪中求先生曾经说过："中国绝不
缺少雄韬伟略的战略家，缺少的是精益
求精的执行者；绝不缺少各类管理制度，
缺少的是对规章条款不折不扣的执行。"
从细节入手把管理工作做细，从而形成
一种管理文化，会使企业具有强大的竞
争力。

2015 年的一项研究显示，有三分之一的人力资源经理认为面临的最大问题是留住员工。大家都知道员工是流动性的。还有 25% 的员工表示会在下一年当中寻找新的工作。其中，有些人是为了谋求更高的薪水（23%），但差不多同样多的人在寻找更好的机会（19%），有的人是感觉自己没有得到应有的认可（16%），还有人是出于对所在组织或企业提供的发展机会的不满（13%）。雇主往往不够重视员工的个人和职业发展对留任的重要性，而是将薪水和福利看得过重。贝新 – 德勤（Bersin by Deloitte）的创始人和负责人约什·贝新（Josh Bersin）曾说："人才的争夺战已经结束，人才已经取得了胜利。"

现在的形势不容乐观。三分之一的员工认为当前的工艺技法抑制了自己的生产效率，而且还阻碍了自己的职业发展。这事儿该怨谁呢？四分之三的员工表示自己没有清晰的职业发展道路，而且 31% 的员工认为自己的雇主没有提供充足的培训。埃森哲公司在 2015 年对大学毕业生的一项调查显示，许多科学、技术、工程和数学这些热门学科的毕业生都不乐意为大公司工作，而最大的原因是"雇主对初级职位的决心和投入不足"。对于 20 出头的年轻人来说，挑选工作时考虑的最重要因素是自己的职业发展。

尽管世界各地的公司都表示"当务之急"是挽留员工并提高他们的敬业度，但是公司每年用在员工培训上的时间平均仅为 31 小时。根据美国人才发展协会的标准，投资程度高的组织或企业在员工培训方面做得更好，平均每年可以达到 49 小时。

不论是哪个行业，几乎每家组织或企业的"OXYTOCIN"（催产素）8 种因素当中水平最低的都是投资。许多组织或企业对员工的投资总是姗姗来迟，这就说明他们不够信任自己的员工，所以不乐意为员工提供新的机会。投资不是简单地增加员工的培训时间或是派员工参加各种各样的研讨会，而是要认识到自主性强的员工在工作与生活当中有着许多需要实现的目标。投资要做的是促进员工的个人发展，以此为员工对组织或企业的长期奉献打下基础。

本章将介绍一种"全人评估"，这种方法与之前所介绍的因素一道，可以将组织或企业原本枯燥的年终考核转变为一种对发展的前瞻性指导。本章还会讨论 SAS 软件公司、美捷步和影院运营商迪克瑞昂集团（Decurion）等是如何对自己的员工进行投资，从而提振了企业绩效的。

不难理解，我们在生活中的前进动力源于对更美好生活的向往。而同样有证据表明，在工作中的高度参与也不仅仅需要职业技能。[8] 如果想让员工全身心地投入到工作当中，我们还需要考虑他们的职业发展、个人发展以及精神发展间的相互作用——我将之称为"全人评估"。

在这一点上，哲学和心理学不谋而合。亚里士多德认为，个人的发展来源于实践智慧的获得，而个人发展正是人类生生不息的基础。卡尔·荣格（Carl Jung）、亚伯拉罕·马斯洛（Abraham Maslow）和马丁·塞利格曼（Martin Seligman）等心理学家证实了广义上的发展对于个人茁壮成长的重要性。现在，神经科学实验也在不断加深我们对于丰富经历重要性的认识，向我们展示人类的大脑是在不断地自我重塑。

在过去的 10 年间，最激动人心的神经科学发现之一就是，之前人们认为神经元会随着我们年龄的增长不可避免地死亡，但这实际上是错的。我们在衰老的过程中确实会损失一些神经元，但美国索克生物研究所（Salk Institute）的福瑞·德盖奇（Fred Gage）等人发现，成年人可以产生新的神经元。通过一项非常高明的跨学科方法，盖奇发现人们甚至在老年时期都在产生新的神经元。我们还可以通过积极地锻炼以及不断挑战自己的认知来加速神经元的产生。新的神经元并不是在大脑各个部位都会出现，而是集中在与学习、记忆以及情感相关的区域。

在工作当中面对适当的挑战对大脑的影响相当于参加富有挑战性的自行车赛或是一万米长跑（此处不要忘记期望的作用）。当我们在辛勤地用体力以及脑力工作时，我们的大脑就会把精力投入到重塑当中。该过程包括周边脂肪的减少，肌肉的增加以及新神经元的产生。从大脑的经济学来看，天下没有免费的午餐。我曾和同事们一起对"大脑训练"技术进行了评估，结果发现，如果我们不断重复某项任务，我们会在该任务上做得越来越好。但是大脑的训练并不是一劳永逸的：在停止练习数周后，我们在完成之前练习过的任务当中的优势已经所剩不多，进行其他任务也没什么优势。虽然玩填字游戏并不能延缓老年痴呆，但是积极的锻炼和富有挑战性的工作或许能做到这一点。

对员工的健康进行投资的组织或企业很有可能会收获正面效果。在美国，工作场所健身房已经是一个每年产值 60 亿美元的行业，而且还在不断壮大。

参与健身活动的员工工作满意度更高，缺勤率更低，医疗花费也更少。通过设立工作场所健身房等方式来对员工的健康进行投资，可以展示公司在 8 小时工作之外对员工的关心。而健身文化可以更好地让员工投入到工作当中，还可以增加员工的工作能力，可见这是一份非常明智的投资。

大脑新细胞的产生过程称为神经发生，健康成人的该过程处于适度速率，但是也有可能受到抑制。当在感到无聊、久坐不动、受到长期压力困扰或是睡眠不足的情况下，我们的大脑也变得拖沓。这就可以解释为什么富有挑战性的工作对我们的大脑有利。怎样促进神经发生？设立足够高的期望，在实现期望后给予喝彩，再加上一定的恢复期和健康的睡眠质量。对于我们大多数人来说，工作是我们面临挑战最多的地方，而工作上的挑战可以在队友和同事的支持帮助下克服。但这只占了投资的半壁江山，另一半是维持良好的家庭关系，以及有能力思考自己的当前和未来。

向前看

我们在第三章当中讨论过，等拿到年终总结的时候再向员工提供反馈很难提升业绩和表现，因为我们大脑的学习需要通过快速回路。越来越多的公司已经意识到，年终总结不仅收效甚微，实话实说，反而是一件糟糕透顶的任务。微软、奥多比（Adobe）、德勤和"末位淘汰"制的坚实拥趸通用电气等公司都在逐步淘汰年终总结。既然很少有工程项目是按年度进行的，那么又何必按年度对员工进行评估呢？现在，这些公司都在朝着快速反馈的教练指导模式转变。奥多比公司的人力资源主管唐娜·莫里斯（Donna Morris）就曾说过："（年终评估）是一种盯着后视镜的方式，把主要关注点放在了员工一年前的所作所为上。"这几家公司不再要求管理人员提供对自己下属的年度评估，因为这些评估主观性过强，连续性差，而且往往还带有偏见。

2013 年，谷歌公司放弃了之前烦琐的 41 项业绩评比，而是采用了一种透明的由 1~5 的单一评估。谷歌公司还让每个人自己找出一个可以改进的方面。其目的在于可以和自己的主管商量接受更多的培训或是额外的目标。谷歌公司的员工在离开旧团队到新团队时（谷歌公司平均每个团队有 9 名成员，而且一起工作的时间平均为 3 周），都能经常得到及时性的反馈。德勤公司采取的办法是，团队的领导者在新的季度评估中会提出三个前瞻性的问题。这些问题主要关注的是希望员工在未来项目中做些什么，而不是主管对于该员工的个人看法。此外，德勤公司还有每周签到为辅，这种方式被德勤称为是管理人员的"撒手锏"。

人的全面评估

谷歌公司的员工在进入公司之前经历了残酷的竞争。在好不容易将这些"独角兽"人才收入囊中之后，谷歌公司又怎么舍得轻易放弃。对于那些表现没有达到预期的员工，谷歌公司并不是简单地解雇了事，而是对业绩表现排在末位10%的员工进行投资，提高他们的工作技能。其他员工则可以选择多种多样的培训机会。每年有10万多名谷歌员工接受公司提供的课程培训。此外，正如第三章当中所讨论的那样，谷歌公司还有意将主管对于员工个人发展的讨论与薪酬讨论区分开来。谷歌公司人力资源运营部的副总裁拉斯洛·博克相信，将员工技能的获取与工资挂钩会抑制员工的学习过程。

如果管理人员设立了期望，在目标达成的时候举行喝彩，那么传统意义上的年终总结就没有必要了。如果管理人员通过高产和放权对员工充分赋能，那么传统意义上的年终总结也没有必要。而如果管理人员对身边人都能做到关爱有加，针对薪酬的年终总结也没有必要。这些情况就是"全人评估"大展拳脚的时机。

"全人评估"本身具有前瞻性，而且关键在于朝着目标的发展以及实现目标需要的各个步骤。它的评估范围既有员工的职业目标，也包括他们的个人以及精神目标。这里的精神指的是除工作和家庭之外的一切。如果"精神"这个词容易引起大家误解的话，还可以代之以"娱乐"或"情感"。但我这里采用"精神"一词，意在指代那些可以引发我们思考自己当前状况、想要成为的人以及生活方式的活动。积极心理学的研究显示，回答这些问题对于我们的茁壮成长意义非凡。

前瞻性的年终评估要想奏效，就需要对组织或企业如何改善员工生活进行评估。事实确实如此，高信任度的组织或企业能为自己的员工服务，而回过头来，员工会自发朝着实现组织或企业目标的方向努力。如果供职的公司降低了我们的生活质量，不妨考虑把自己的能量奉献给另一家公司。这就是为什么有着很好企业文化的组织或企业都在员工投资方面做得非常好：它们尽职尽责地把员工当作"全人"来对待。

在对别人进行"全人评估"之前，我们应当事先了解这个人的绩效表现。不管这个人的生产率是低于预期水平，或是表现惊艳，都应当在之前进行过相关的讨论，并且已经采取解决方案或者是对优异表现庆祝。员工的绩效表现应当属于每天和每周反馈的范畴，而不应该出现在年终评估当中。

三个问题

"全人评估"基于以下三个问题：你是否得到了职业发展？你是否得到了个人发展？你是否得到了精神发展？科学研究显示，如果员工在这三个问题当中的任何一个遇到了瓶颈，就离挫折和表现欠佳不远了。没有了向前的发展，动力就会不足，表现就会滑坡。"全人评估"是一种开放式的谈话，而且要在私下的场合进行。

当管理人员问出这三个问题的时候，就是在遵从彼得·德鲁克的思想："如果上级按照商业评估的标准过于关注下属的缺点的时候，就破坏了自己与下属间关系的完整性。"在 1967 年出版的经典之作《卓有成效的管理者》（The Effective Executive）当中，德鲁克提倡对员工采用开放式的以及前瞻性的评估。

为了对前瞻性的职业发展进行评估，我会问："我现在对你找到下一份工作有没有帮助？"这个发人深省的问题实际上是一个引子，让我们可以讨论组织或企业对员工是否进行了足够的投资，让员工可以提升自己的职业技能。下一份工作既可以在现在的组织或企业，也可能是新的雇主。就自主性而言，帮助别人在另一家公司找到份工作可以是一件好事。或许我们有一天会和这个人的新雇主合作某个项目，又或许过些年之后，当这个人在别的地方得到更多经验的时候我们重新把他招至麾下。我的秘书多年来一直和我说："我的工作特别开心，我计划在这里干到退休。"这当然是件好事，但我还是要想方设法避免她对现在的工作产生厌倦然后想改换门庭，即使她的工作表现并没有下滑。

谷歌公司为离职的员工提供了一个电子论坛。在这里，这些以前的员工还能时时了解谷歌公司每天发生的新鲜事，而且现在的员工也能与他们交流。很多离职的员工在其他地方待上一段时间后还会回到谷歌，而且还带回了新的工作技能和经验。这些职场的"回头客"往往还接受过谷歌所没有提供的宝贵培训。有些企业甚至会将自己的员工长期"借"给其他公司，以让他们得到新鲜经历并且促进企业间的良好关系。

工作与生活的融合

在评估个人发展的时候，我会问："你和你的家人快乐吗？"看看员工的配偶和孩子是否可以接受该员工的工作地点，员工的工作以及其他活动能否令其配偶满意，以及员工的孩子在学校的表现如何。预先的询问可以提前发现潜在的危机，这一点非常重要，肯定比家庭不和的员工因为过度劳累而突然提出离职要好很多。这个问题也是在讨论员工的工作与生活融合得怎么样。为什么要说融合而不是平衡呢？因为通过高产和放权赋能的员工，有很多都会选择在家、咖啡馆或者是夜里工作，只要工作方式适合自己、团队以及家人。讨论如何实现工作与生活的融合对于评估该员工是否能取得个人发展非常重要。

在评估的时候，有些人告诉我他们对目前的工作很满意，并不想要升职，因为目前工作有利于自己的个人发展。他们能理解这一点非常重要，我能了解这一情况也很重要。人们的家庭生活会反馈到他们在工作当中的表现，反之亦然。我们不能视而不见。

反过来说，因为某名员工在当前公司任职很久而提拔往往都是错误的决定。在生产第一线表现优异的员工不一定能成为优秀的管理人员。公司中与客户直接打交道的员工、管理人员以及高层领导，他们取得成功所需要的工作技能是不一样的。我们需要认识到，有些员工因为职场生涯维持在一个特定的水平所以才在个人发展方面顺风顺水。这同时也是在认可职业不分贵贱的重要性。

生活目标

"全人评估"的最后一个方面是精神发展。这个问题不必拘泥于形式，只要关注的是员工个人是否得到了发展。员工在工作之外有哪些兴趣？对社会和他人有什么贡献？如果精神发展没有得到灌溉，最终会导致心不在焉和失落沮丧——这对于绩效表现来说可不是什么好消息。

我的实验室有一名叫作贝丝（Beth）的女孩。跑步对于她来说就是一种精神上的修行。在对她进行"全人评估"的时候，她提到跑步对她有多么重要。我建议她每周有两天可以上午10点才来上班，这样她就可以在早上享受跑步的乐趣了。她很高兴我能问到她的爱好，对我做出的安排更是激动不已。她兴奋地表示愿意在我的实验室奉献余生（我当然希望她能做到）。当我们紧锣密鼓地进行某个项目的时候，有时贝丝会在凌晨3点的时候给我发邮件，因为她的激情不仅展现在了工作当中，还浸润到了她的全部生活。

露露柠檬公司为每名员工提供教练式的指导，而且要求他们为自己设立个人、职业以及健康 / 活动的目标。员工的个人目标会在所在零售店公开。这种做法旨在促进彼此间的交流,让大家互相帮助他人实现这些目标。露露柠檬公司当中扮演人力资源部门角色的是"人力潜力部门",这个称呼就传递了一种信息,那就是它愿意帮助每名员工实现自己的人生目标。

双轨发展

通过给予员工大学学费补助等措施,可以同时实现员工的个人发展和职业发展。星巴克最近采取了一项政策,旗下 13.5 万名员工,只要在一周当中工作 20 个小时或以上,都可以参加由星巴克付费的在线大学课程。虽然很多员工在完成在线大学课程后会选择离开星巴克,但是也有不少员工非常珍视星巴克对自己的这种投资,继续留在星巴克工作,并且随着对公司了解的深入而得到了提拔重用。鼓励员工尝试新的岗位也是一种投资。脸书网公司就有这样的项目,让软件工程师可以短暂地体验新团队和新项目,来决定自己是否想要换个岗位。博思艾伦咨询公司(Booz Allen Hamilton)采用了一种叫作"内部优先"的内部招聘系统,职业顾问会帮助员工获取填补新职位空缺所需的工作技能。只需要简单地问一问员工对于自己下一个岗位或是工作的想法,就可以由此展开一场关于教育、培训、参加各种会议以及如何实现职业目标的谈话。

如果为优秀人才创造一种可以自己决定去留的工作环境,投资会激发员工对自己工作的热爱,让他们成为可以招募其他人才的亲善大使。就像口碑是最好的市场营销手段一样,员工对公司的自发宣传推广才是最好的人才招募方式。在对美捷步进行研究的时候,我发现在非工作日来参与我们研究的美捷步员工有一半都穿着带有美捷步标志的 T 恤。当我问到他们为什么平时也穿着公司衣服的时候，他们表示美捷步公司的企业价值和自己的个人价值产生了共鸣，作为美捷步的一员已经是他们生活当中的一个重要部分。有大量疯狂的粉丝想要为美捷步工作，这同时也是一种宣传。2013 年，美捷步的 350 个空缺岗位收到了将近 3 万份申请。到了 2014 年，美捷步索性取消了工作申请，现在员工的招聘是通过现有员工在软件平台上的推荐。因为新员工是老员工推荐的，美捷步公司对这些新员工已经有了一定的了解。

告别审查

　　放弃年终总结或是年终审查很难做到，但并不是不能实现。我曾与美国南部一家员工激励企业共事，这家公司正在试图重整旗鼓。该公司的"OFactor"调查符合大家的直观感觉：公司并没有在对员工进行投资。这就可以解释为什么许多优秀的员工都转而选择了可以为他们提供更好职业机会的其他公司。新的管理团队接手这家公司后召开了一次全员性质的大会，听取员工关切的问题，并表示（开放）将解决所发现的问题。

　　我和该公司的新管理团队一道设计了一项战略规划，着重提高期望、高产以及投资。该公司通过了一项投资预算，提供员工培训项目的资金、职业咨询，以及为员工在外培训机会提供支持。该公司也采取了"全人评估"。当公司董事长在全员大会上宣布不再采用年度绩效评估的时候，员工们欢呼起来并站起来热烈鼓掌作为回应。那些之前需要对员工进行绩效评估的管理人员也和一线员工一样感到解脱。这些改变发生一年后，员工的工作士气高涨、销售业绩上升，大家都是发自内心地享受每天上班的时间。

　　和任何一种干预措施一样，对员工投资的改变也应当被视为是一项实验。在与一家金融服务企业合作时，我发现这家公司各部门之间的"OFactor"调查得分非常不均衡。其中信任程度最低的是保险服务部门。该部门的员工流失率非常高，因为保险销售被认为是没有什么前途的工作。对员工的投资也是非常之低（位于第40个百分位），而一位高级副总裁告诉我这是因为"反正这些员工也留不住"。我非常委婉地表示他可能把因果关系给颠倒了，即不是因为留不住员工所以才不用对他们进行投资，而是因为没有对他们进行投资他们才选择离开。然后我向他保证我可以帮助她制定一系列策略来改善该公司对员工的投资。

我们设计的管理实验将员工流失率作为关键结果。第一步是和保险部门的员工会面，讨论将会发生的变化。我们在会面当中为保险员工介绍了从保险销售到其他保险相关岗位以及公司内其他岗位的职业发展阶梯。该公司也通过了对员工职业发展的投资计划，其中就包括提供培训帮助员工从接打电话开始顺着职业发展阶梯更快地向上爬。我还建议，部门主管也应当接受相关培训，从而为下属提供职业规划和顾问指导。可惜该建议没有得到采纳，因为公司的副总裁告诉我"没人能腾出时间来"。作为替代方案，我又建议雇用专门的顾问/职业顾问/生活教练，以此向员工清晰地传达公司正在对他们进行投资，并对他们做出了长期的承诺。

就在这项管理实验的落实期间，2008年的金融危机袭来了，这家公司的财务状况也未能幸免。这项试验没能完全落地，所以不能追踪该实验对降低员工流失率并提高工作表现的作用。但是所采取的方式是正确的：针对最薄弱的"OFactor"因素采取管理实验，检验改变关键结果的效力，然后重复。

许多公司都发挥了自己的创造力，采取了各种各样的方式来对员工进行投资。既有方便员工生活的各种福利（干洗、汽车保养、带饭回家），也有开发员工兴趣拓展他们才能的各式培训。赫曼米勒公司位于美国密歇根州荷兰小镇的总部还设立了一个咖啡厅，每天早上 8 点到 10 点还有咖啡师提供服务。美捷步公司有一位工作多年的非常善良又热心的全职生活教练奥古斯特·斯科特（August Scott），我在对美捷步的企业文化进行评估的时候曾与她有过一面之缘。她帮助美捷步员工学会如何存钱买房、初为人父母还有完成大学学位。而如果有人仅仅是碰到了糟糕（或者是开心）的一天，她还会静静地耐心倾听。她不久前刚刚退休，但她的工作由美捷步的其他生活教练来接任。

游戏化与培训

职业培训在对员工投资当中扮演着最为核心的角色。《福布斯》杂志评选出的"最佳雇主"当中大多数公司花在员工培训上的时间要比落选该榜单的公司要多得多。星巴克的咖啡师在入职 4 周内要接受至少 24 小时的培训。课程包括咖啡的历史、饮料制备、客户服务以及销售技巧。星巴克的每名员工还需要参加 4 个小时的研讨会，讨论如何冲泡出完美的咖啡。康泰纳零售连锁店在全职员工参加工作的第一年内为他们提供 263 个小时的正式培训，与之相较，行业平均水平仅为 8 小时。而且康泰纳后续还会对员工每年进行 100 多个小时的培训。

美国联合包裹速递服务公司（UPS）在 2010 年将针对司机的培训进行了游戏化处理，取得了非凡的效果。联合包裹速递服务公司与麻省理工学院、弗吉尼亚理工学院以及未来研究所展开合作，建立了 UPS Integrad 培训机构，对"千禧一代"员工进行该公司送货流程培训。该培训机构提供 3D 模拟、网络播放以及传统的课堂授课。在初步培训结束后，新入职的员工需要玩一个电子游戏，在游戏当中，他们坐在公司卡车的驾驶位置上，考验识别以及躲避障碍物的能力。然后这些新员工才开着真正的卡车上路。他们需要在 20 分钟内完成 5 次送货才能升级。这样一种引人入胜的培训方式将因为司机受伤带来的成本损失降低了 56%，送货成本降低了 12%，而且还带来了 7% 的效率增益。该公司估计，该培训方式的投资回报率为 9.2%。这还没考虑司机受伤情况的减少以及客户满意度的增加。该公司的 10.2 万名司机是路上最让人放心的司机，每年行驶里程超过 30 亿英里，而事故率低于每百万英里一次。

午睡时间

除了额外的培训之外，许多组织或企业通过保障员工睡眠的方式来对他们进行投资。美捷步、谷歌、宝洁、核心地带和脸书网等公司都设立了午间休息室。最近一项研究估计，每年因为睡眠缺乏而造成的生产力损失高达 630 亿美元。午睡可以提高大脑海马区内一种叫作乙酰胆碱的神经递质含量，从而增强我们的认知以及大脑记住新事物的能力。海马区是我们将短期记忆转化为长久知识的关键结构。午睡还可以清理大脑中的毒素，降低衰老对神经细胞的累积损伤。各行各业都有初为人父母或者是出差频繁的员工，他们经常面临睡眠缺乏的困扰。午间休息室不仅认可他们的辛劳（关爱），还通过投资给出解决办法。即使是 10 分钟的午睡也能充分提高我们的认知能力。

投资银行业每周工作 100 小时的案牍劳形的情况已成为过去式，许多优秀的大学毕业生都认为科技行业才是明日之星，而不是金融业。为了留住最优秀的人才，高盛投资公司（Goldman Sachs）创立了高盛大学，以作为对员工职业发展的投资。但是高盛同样在为员工休假提供指导。从周五晚上 9 点到周日早上 9 点的时间里，高盛公司禁止员工出现在办公室，也强烈劝阻他们该期间在家中工作。此外，高盛公司鼓励员工每年至少休假 3 周。在另一个对员工投资的项目当中，高盛放弃了之前为新分析师提供的两年可延续合同，现在高盛分析师的雇用合同当中不再有终止日期。高盛公司的投资银行业务联席主管曾表示："我们的目标是让分析师乐意在这里度过自己的职业生涯。我们需要给他们提出挑战，但是我们还要保证他们乐意留在这里，并不断学习可以陪伴他们一生的重要技能。这是一场马拉松，而不是短跑。"高盛甚至还为自己的员工开设了沉思冥想课程。美国安泰金融保险集团（Aetna Insurance）的一项沉思冥想项目据估计可以在每名员工医疗服务上节省 2000 美元，而且每名员工的生产力提升价值 3000 美元。

休息是为了更好地工作

高盛公司力图避免工作过度的指导方针得到了研究结果的支持。2015 年一项针对 60 余万人的研究显示，与每周工作 35 至 40 小时的人相比，每周工作超过 55 小时的受试者中风发生率要高 33%，心脏病发病率高 13%。美国是工作过度现象最为严重的国家之一，平均每年要工作 1768 小时。作为对比，法国人和德国人每年工作不超过 1500 小时。有三分之一还多的美国员工连休假都没能用完，而且有足足一半的人表示自己平均每天的休息次数不超过一次。韬睿惠悦咨询公司的一项研究发现，至少每隔 90 分钟休息一次的员工的专注度要比每天只休息一次甚至都不休息的员工高 28%。他们的健康水平和幸福程度也高出 30%。就连教宗方济各都在提倡工作要适度。在 2014 年为梵蒂冈的红衣主教、主教以及牧师送出圣诞祝福的时候，方济各就批评了工作过度的现象，并说"完成自己工作的人需要得到休息，这是有必要的也是一件好事所以需要严肃对待"。

2001 年，消费品公司联合利华（Unilever）处在风暴的边缘。高级主管纷纷因压力和工作过度而离职。作为回应，联合利华设立了一个"Lamplighter"健康项目，帮助管理人员降低长期压力、管理自己的精力和提高表现。该项目的早期成功使得它很快被推广到联合利华世界各地的全部的 17.2 万名员工身上。该项目会评估员工的身体和心理健康，为每个人建立计分板，员工可以根据这个计分板制定自己的个人工作与生活融合计划。这些计划既包括锻炼以及营养目标，必要的时候还有心理咨询。联合利华的分析显示，花在该项目上的每英镑都能带来 3.73 英镑的生产力提升作为回报。

敦促员工把每周的工作时间限制在 40 小时可以建立一支稳定并且健康的劳动力队伍。在这 40 个小时内全力以赴，但到了 40 小时的时候就果断结束，这种方式被称为"40 小时制"。美国抵押放贷公司海岸金融服务（United Shore Financial Services）等采用"40 小时制"的公司，希望公司的停车场到了下午 6:05 的时候就空荡荡了，而且反对员工将工作带回家里去做。我曾在晚上 8 点前没人离开的公司工作过，也曾供职于每到下午 5 点办公室就开始清场的公司。当知道自己在晚上 8 点前都不可能回家时，我难免就会在网上购物、有事没事歇一会儿，在工作当中的投入度也比 5 点关灯锁门的公司差很多，因为工作时间实在是太漫长了。不妨让自己的员工在下午 5 点或者 6 点的时候就下班回家，这样也是一项对员工的投资，可以保证员工上班时都能精力充沛。

投资方式的组合

许多对员工慷慨投资的组织或企业都在积极主动地为员工实现职业发展和个人发展提供便利。我们在第七章当中曾讨论过的 SAS 软件公司就有很多对员工投资的措施。其中就包括几乎数不过来的各种课程，以帮助员工获取工作技能或是听取职业顾问的建议。另一项重要的投资举措是尽量避免使用外包服务，而是雇用自己需要的人才。这不仅能提升员工对SAS软件公司的归属感，也能让公司更好地为广大员工服务。SAS软件公司也注重对于员工的个人发展的投资，提供照顾父母、经济资助、工作场所的运动器材及娱乐设施以及健康的食物。此外，SAS软件公司的园区还请驻园艺术家打造得美丽怡人。SAS软件公司在人才的争夺战中稳操胜券：每个空缺职位都能收到200份工作申请。

达维塔保健公司还成立了自己的达维塔大学，为成员提供将近700种职业和有助于个人发展的面对面和网络授课。达维塔公司提供的数据显示，参加过公司课程的员工当中仅有12%离职，而没有参加课程的员工有28%选择了离开。达维塔每年花在员工职业发展和个人发展项目上的钱超过1000万美元，产生超过100万小时的内容。达维塔还提供医疗和牙医福利、利润分享计划，以及学费补助等各种教育援助。正是因为这种为员工提供的全心全意的服务，达维塔在《财富》全球最受赞赏企业榜当中一直占有一席之地。

影院运营商和地产开发商迪克瑞昂集团也将自己的精力集中在员工的个人发展上。该公司的官网上的第一句话就是"迪克瑞昂为大家提供一个能茁壮成长的平台"。公司总裁克里斯托弗·福尔曼（Christopher Forman）曾说："我们把公司看作是一个无所不包、无所不连、追求卓越和意义深远的地方。"这个目标怎么实现呢？该公司对自己的1100名"成员"（而不是员工）进行了个人、职业以及情感上的投资。通过将成员在公司岗位间的调动和当成员能胜任更多的工作时通知全公司的人（喝彩）来实现职业发展。为提高工作技能的熟练程度，成员们还会互相传授技能。个人发展的促进则通过将个人的利益与目标向工作当中的项目看齐。迪克瑞昂的管理者还通过培训成为顾问和仆从式领导，引导成员关于目标（期望）的讨论，鼓励大家勇于冒险（高产）。迪克瑞昂还升设了一门叫作"自我管理的实践"的课程，此举也可看作是对自己成员的一项投资。

放权度高的培训及发展方式可以帮助自我管理的个人选择自己想要学习什么。为做到这一点，可以在不同时间提供各种学习机会，这样员工就可以根据自己的兴趣选择参加。当我们可以做到管理自己的时间之后，就可以选择在白天、晚上或者是周末，通过课堂教学或者是网上授课来获取新的知识和技能，对自己进行投资。许多公司都有由员工牵头的培训，称为"教给同事一项技能"。哪怕这项技能不与工作有关也是一件好事。比方说，我们可以教给大家如何进行一场 TED 演讲、跳萨尔萨舞或者是唱歌，这样可以建立增进信任的社会关系。尤其是在当今美国的规律性工作占比已经下降到了 25% 这样的背景下，每个人都需要对自己进行投资，不断对自己的技能进行更新换代。

提供广泛的培训机会以及运用前瞻性的"全人评估"可以作为提高员工敬业度以及留职率的投资。最优秀的组织或企业把对员工的投资摆在首要位置，并且培训并不仅仅局限在职业技能方面，这样员工的生活才会充实美满，还能促使他们继续长期为该组织或企业效力。

周一清单

· 设计一份前瞻性的"全人评估"。

· 提供或资助员工的额外教育或培训。

· 为员工提供工作现场的健康项目，或是为他们在工作之外选择的健康项目提供资助，并跟踪这些健康项目对员工生产力的作用。

· 开展同伴教育项目，以此来刺激员工的职业和个人发展。

· 聘请生活教练／顾问来为员工提供上班时间的咨询服务。

CHAPTER

第九章

领导者的自我修养和自我管理能力

优秀的企业需要领导者具备良好的自我修养和自我管理能力。只有当领导者诚实可靠同时又不掩盖自己缺点的时候，组织或企业才能做到自然。82%的组织信任与"自然"有关。

在一次访问赫曼米勒公司位于美国密歇根州荷兰小镇的总部时，我不经意间看到赫曼米勒北美区总裁柯特·普伦（Curt Pullen）正坐在一间开放式的办公室（这是一间很棒的办公室）在自己的笔记本电脑上敲敲打打。我当时已经有一年没有见过普伦了，所以我停下来询问他可否打扰他一下。他说自己正在为下一年度的战略规划忙得焦头烂额，正好需要歇一歇，于是我们就去了赫曼米勒公司的咖啡厅喝了两杯拿铁。几名员工看到我们后向普伦问好，而普伦表现得非常亲切体贴。他身上所体现的领导行为正是神经科学认为建立信任文化所需要的：他热情又有能力，但也很随意（没打领带）和放松。他还能叫出每个人的名字。整个赫曼米勒的北美区都在他的掌控之下，但他完全没必要时时提醒身边人自己身居高位。

普伦把自然体现得淋漓尽致。当我们交谈的时候，他表现得平易近人、开诚布公而且聚精会神，对我有时比较突兀的观点也展示出浓厚的兴趣，而且他发自内心地善待身边的人。我们谈到了各自的孩子和抱负，还讨论如何将它们与自己的职业目标相融合。我感到自己非常荣幸能和普伦共度一个小时的时间，他负责的可是一个价值10亿美元的部门。

不要掩盖自己的弱点

作为社会动物，我们需要领导者。自然的领导者遇责任不推脱，有好处不独享，而且熟知组织或企业的一线员工和高层领导。领导者的素质可以解释下属敬业度的 70% 的原因。本章就会用科学阐述和实例分析来探讨如何成为一名自然的领导者。

我们都能轻易地看出卖万灵油的骗子。正因如此，要想领导一个信任度高的组织或企业，领导者本身必须值得信赖。他们要做的不仅仅是喊喊口号，还要在身体力行当中展现信任。我的实验室进行的神经科学实验证实，领导者展现自己的缺点可以有效地建立信任。相信很多读者都认为这个观点有些离奇。没关系，大家再往下看就会恍然大悟。

领导者并不是万能的神灵，而是在为组织或企业尽自己所能做到最好的凡人。自然的领导者会坦然面对自己的弱点，而且不会藏着掖着。缺点也可以是一种优势，因为它提醒我们团队合作的重要性，而不能支配他人。红帽软件公司（Red Hat）的首席执行官吉姆·怀特赫斯特（Jim Whitehurst）曾说过："我发现，遇到自己不了解的事情就坦然承认，这种做法起到的效果与我之前想的恰好相反。它反倒可以帮助我树立威信。"谷歌的团队经理马特·坂口（Matt Sakaguchi）在一场讨论团队摩擦的异地会议上也发现了这一点。马特坦白了自己在数年间一直在与四期癌症做斗争，而且情况仍然没有好转。在马特自揭伤疤之后，其他团队成员也开始吐露自己所面临的问题。到了会议结束的时候，团队的不愉快早已成为过去，马特也作为有效的管理者得到了大家的热烈拥戴。

大多数领导者都把寻求他人帮助视为畏途。可能他们假定如果放下之前命令的口吻，转而请求别人的帮助是一种软弱的表现。而根据我的实验室所进行的实验，展现自己的弱点可以让观察者释放催产素，激励他们为了实现组织或企业的目标更加努力地工作。作为自然的领导者，应当日常向身边主动性强的员工寻求帮助，因为这样可以激发我们人类寻求合作的天性。尤其是当高产和放权已经落实的时候，寻求帮助更显得尤为重要。像独裁者一样只追求结果是通过恐惧来实现领导，而在设立清晰期望的同时寻求帮助则是仰仗信任来领导。美国高通公司的首席执行官史蒂芬·莫伦科夫（Steven Mollenkopf）认为自己身上最重要的领导属性就是勇于承认"这个问题我解答不了"。

这种方法也有行不通的时候，那就是当组织或企业面临重大危机的时刻。此时，领导者需要做的就是要求改变。但是除此之外，承认自己并不能给出所有问题的答案是一种提高员工参与的有效方式。低下头来寻求别人的帮助也可以让领导卸掉能解决一切问题的重担。对于组织或企业来说，战略规划是领导层对前进方向的最佳评估。我们必须把它当作是一场实验。如果有些战略未能实现，自然的领导者会承担起责任，然后采取另外的方针。

管理者以自我为中心，增加了隐形成本

自然背后的科学非常有趣。那些社会地位高的人，不论男女，体内的睾酮水平长期处于高位。我们在第七章当中曾提到，睾酮会让我们变得自私并丧失同理心。这两大缺点对于构建信任来说都是需要克服的障碍。睾酮水平过高不仅仅会体现在我们的行为上，还能体现在我们的身体本身。那些高大健壮的人的大脑在年轻时候就大量摄入睾酮。有一次，我为一家《财富》杂志评出的 50 强金融服务公司的高管们举行了一场讲座，当时我就被那些男性和女士挺拔的身高所震惊了。回想起来我都要感叹，"这里一看就是阿尔法男和阿尔法女工作的地方"。在各行各业的公司高管当中，阿尔法男女随处可见。在美国，身高达到 6 英尺（182.88cm）的男性占 14.5%。而在《财富》杂志评选出的 500 强企业的男性首席执行官当中，有 58% 都在 6 英尺以上。我们可以很轻易地得出一个结论：领导一家组织或企业会削弱我们成为自然的领导者的能力。

生物学的因素就摆在那里，我们又能怎么做呢？首先我们需要认识到问题的存在。只有认识到问题的存在，我们才能观察并改进自己的反射性行为。抑制自己自私固执的冲动需要很大的努力，但也是可以做到的。大脑是一个消耗巨大能量的器官，所以通过设立默认回路来节约卡路里，而默认回路一旦形成便很难改变。这就是我们的习惯背后的神经科学。改变自己的习惯固然很难，但是只要有意努力并且不断接受身边人的反馈，我们都能做到。或者可以向迈克尔·戴尔那样给自己请一位高管顾问，帮助自己从之前习惯中解脱出来，并代之以新的习惯。

不完美的人设以及"出丑效应"

说出来大家可能不信，自然的领导者都能欣然接受自己的不完美之处。这句话听起来有些费解，但确实有其道理。心理学家发现，当人们犯错之后，受喜爱度会增加，并把这种现象称之为"出丑效应"或"仰巴脚效应"。比如，约翰·F. 肯尼迪总统在1961年古巴"猪湾事件"以闹剧收场后声称对该事件负全责，之后肯尼迪的受欢迎度得到了提升。这次"出丑"展示了他在努力做出最佳的决定，并且需要美国人民的支持。早在20世纪60年代就有实验发现，看起来完美无缺的人会引起他人的反感，大家喜欢的是那些展示出和自己一样有缺点的人。那些试图维护自己完美无缺的人设的领导者往往会被认为是不够牢靠的。

在错误面前勇于承担责任可以展现自己值得信赖。比尔·克林顿总统在被大陪审团质疑自己就与莫妮卡·莱温斯基的关系所做证词的时候含糊其辞："这要取决于'是'这个词的意思是什么。"还有理查德·尼克松总统在被问到"水门事件"的时候不痛不痒地承认"错误就这样产生了"。反观史蒂夫·乔布斯所言："每个人在创新的时候都会犯错。

一旦犯错，不要犹豫，你最好赶快承认错误，并投入到完善你的另一个创新当中。"以上这两种领导者，谁的位子坐得更稳？谁能激发更强的信任和信心？答案不言自明。正如彼得·德鲁克所言："职务并非赋予特权或权利，而是带来责任。"

此处需要提醒大家，只要能力得到认可的领导者才能在展现自己不完美之处时促进信任。本身就缺乏能力的领导者向别人求助的时候只会影响别人对他的信赖。

企业文化需要领导者的率先垂范

企业文化往往会反映企业创始人和现任领导者的行为特点和个性。领导者制定组织或企业的工作日常，对企业文化起到正面或负面作用，同时也是企业文化内外的标杆。麦肯锡管理咨询公司发现，有一半的企业文化转变失败是因为领导者没有率先垂范，或者是员工当中的阻力过大。这就与我个人的经验不谋而合：想要转变企业文化，高层领导者必须身体力行。

即使是医生等很大程度上能进行自我管理的职业，领导者的素质也会影响下属的敬业度。46%的医生都认为自己被过度工作折磨得疲惫不堪。美国的梅奥医学中心（Mayo Clinic）研究发现，医生对管理层领导能力的评分（总分60分）每提高1分，医生的工作倦怠程度就可以下降3.3%。

如何成为一名自然的领导者呢？其实领导力像其他工作技能一样，都可以不断提高。本章接下来将为大家提供一些好的例子。如果你觉得例子当中的做法不符合自己的习惯也没关系，只要做得充分，这些做法早晚会习惯成自然。

展现真实的自己

自然的领导者会让大家看到自己最真实的一面。遮掩得再隐秘的事情也早晚有浮出水面的一天，所以不妨在这方面少费心思，顺其自然。在 2013 年下半年的一次全员大会上，美捷步的首席执行官谢家华打扮得像美国女星麦莉·赛勒斯一样上台模仿她在美国音乐录影带奖颁奖典礼上表演的怪异电臀舞。在场的每个人都笑了（包括谢家华自己），等到他接下来勾勒美捷步在下一年的发展蓝图的时候，每个人都怀着放松的心情。

2014 年，苹果公司的首席执行官蒂姆·库克在发表在《彭博商业周刊》（*Bloomberg Businessweek*）的文章中宣布自己是同性恋。这种公开自己私密的举动增强了库克作为一名自然的领导者的声誉。库克深知有些人可能会反感自己的同性性取向，但还是选择了坦然面对。他这种乐于公开个人生活的举动帮他赢得了几乎所有人的赞扬。

在阿根廷一家市场调查公司，我发现了一种展示最真实自己的绝佳方式。当我从该公司老总手里接过他的名片的时候，我发现他在名片上印的是自己在孩提时坐在小马上的照片。有人可能会觉得让人看到自己小时候的搞怪照片挺尴尬的，但这种介绍自己的方式足够坦率。其实，该公司每名员工的名片上都是自己小时候的照片，和骑着小马的老总一样。我后来了解到，这家公司发现，这样的名片让员工彼此之间更加亲近，而且还能提醒大家都是大孩子。我们都是凡人，有什么古怪之处没必要藏着掖着。

不要自己说了算，让员工变成执行的机器

之前的章节曾介绍，领导者需要不断获取新信息，并广泛地分享信息。当高层领导乐意与员工会面并向大家打开心扉的时候，信息在公司内部自上而下以及自下而上的双向流动将更为流畅。美国基金管理公司先锋集团（Vanguard Group）的前任首席执行官杰克·布伦南（Jack Brennan）时常和员工一起进餐，听取他们的意见。共同进餐可以降低员工面对老板时的紧张感，因此大家可以将布伦南看作团队的一员。布伦南曾表示，"人们会观察（自己的领导），然后模仿他，不管是好是坏"。自然的领导者会接触各个级别的下属和员工。你知道自己公司保洁人员的名字吗？他们和公司其他所有人同等重要，掌握着重要的一线信息。

反观我曾担任顾问的一家美国南部的商务服务公司，这家公司就采取了截然不同的做法。这家公司的园区很大，许多会议室都是用退休高管的名字命名的。为什么不用一位在该公司工作了 30 年的清洁工的名字来命名一间会议室呢？对员工进行认可能够彰显：每个人在实现组织或企业目标的过程当中都很重要。

自然的领导者了解员工的方式是让自己被对方了解。和大家分享自己的价值观和经历，讨论组织或企业对自己的重要性在哪，以及和他人建立情感上的联系。我们甚至可以用一个拥抱来和员工打招呼，这样可以刺激催产素的释放。只要我们可以让身边人的催产素流淌起来，他们就会相仿相效。

以名字相称

如果一位领导者的称呼不包括职务，那么他就会更加平易近人。1999 年，中国的台式电脑生产商联想公司正在进军全球市场，但是这家中国企业的企业文化有着非常浓厚的中国特色。遇到发言的场合都是按照职务高低依次发言。每次开会的时候都要上茶水。职务头衔也被视为是最重要的。总裁杨元庆就被大家称作"杨总裁"。为了促进信息的自由流动并加强创新能力，杨元庆开始着手转变联想的企业文化。他首先做的就是在联想北京总部的大厅里连续转悠了一个多星期，身上贴着牌子"大家好，我的名字是杨元庆"，与每个进门的人握手。他还请员工们直呼他的名字。此外，他还将联想的官方语言改为英语。

杨元庆采取的措施奏效了。联想公司从一家没有走出亚洲的品牌发展成一个全球巨头，台式电脑的发货量高居全球第一。联想的年收入高达 460 亿美元。喝彩也深深地植根于联想的企业文化当中。2012 年，杨元庆将公司发给他的 300 万美元奖金分给了 1 万名员工。著名的财经杂志《巴伦周刊》（Barron's）将杨元庆评为"全球最佳 CEO"之一。

工作在前线

作为领导者，完全没必要把自己关在办公室里享受清净。领导者需要不断地获取信息，而自己拿到的第一手信息才最有价值。美国西南航空公司的创始人赫布·凯莱赫经常和行李搬运工一起装卸行李，在飞机上为乘客供应饮料，还会带着古怪的帽子或是穿着搞笑的衣服出现在机场，逗大家笑，让大家放松。《财富》杂志将凯莱赫评为"全美最优秀

CEO"之一，因为他不仅与和客户打交道的员工们打成一片，而且还是以轻松有趣的方式。美国最好的医院之一克利夫兰医学中心就要求高管们进行"领导寻访"，定期与和病人打交道的医生一起工作。在圣诞节期间，美捷步的所有员工都要接听 10 个小时的客户电话，就连首席执行官谢家华也不例外。谢家华在接听顾客电话的时候不会亮明自己的身份，而且和所有人一样在这 10 小时内与客服团队坐在一起。

当豪尔赫·马里奥·贝尔格里奥（Jorge Mario Bergoglio）被选为罗马天主教会的教宗，并改名为方济各之后，他就决定在梵蒂冈的员工食堂内用餐。教宗方济各每次都是拿着餐盘排队打饭，然后和梵蒂冈的仓库管理员们坐到一桌，和大家讨论足球。方济各非常谦逊，而这一性格特点让他非常平易近人。

到一线去观察组织或企业的运转被称为"后方领导"。自然的领导者可以意识到自己是别人成功的促成者，而不是组织或企业的无所不能的指挥官。这一点可以通过将别人放在镁光灯下来实现。詹姆斯·梅纳德·基南（James Maynard Keenan）是 Tool 乐队的主唱，他在演出的时候总是站在舞台的后方，而乐队的鼓手和贝斯手则在前排演奏。此外，基南在演唱的时候总是对着舞台后方的幕布，或者是两边，而不是直面观众。他可是乐队的主唱，但是他这种驾轻就熟的表演方式真正做到了将镁光灯让给别人。

诚实与信任

自然的领导者通过诚实来维护自己的信誉。如果我们假装自己无所不知无所不晓，早晚我们知识当中的漏洞会露出马脚，我们所做的其他努力也会因此蒙上一层阴影。美国威瑞森电信公司（Verizon）的首席执行官洛厄尔·麦克亚当（Lowell McAdam）一言以蔽之："诚信就是你的品牌。"诚实还能改善我们的健康。在一项研究当中，与对照组相比，被要求在5周内尽量避免说谎的受试者的咽喉痛、头痛和恶心反胃等症状明显要少。诚实为上策。为什么这么说呢？诚实是一个简单的认识过程，与说谎或逃避真相相比占用的宝贵神经资源更少。所有的谎言都有被揭穿的一天。既然如此，当初何必枉费心机呢？

说到底，诚实可以产生信任。就连以强硬著称的通用电气公司首席执行官杰克·韦尔奇都认识到了这点："领导力的升级版就是……信任再加上信任。"

有温度的领导力

《哈佛商业评论》的一项全球性研究发现，尊重他人是影响员工对组织或企业目标的敬业度的最重要领导行为。自然的领导者能以不引起他人不快的方式设立较高的期望。网飞公司的首席执行官里德·哈斯廷斯曾表示自己的公司不欢迎"不受人待见的天才"，因为没人愿意与他们共事，而且他们"有效团队合作的成本"过于高昂。惠普原首席执行官卡莉·费奥莉娜（Carly Fiorina）曾说过："粗鲁的方式永远不会奏效。"

作为领导者，展现自己对员工的尊重就包括每次开会都按时开始、准点结束。我在几年前开始这么做，很快守时准点就渗透到了我们的所有工作当中。如果我们事先已经落实了放权，还可以将每次会议尽量缩短，甚至是允许员工自行决定是否参加，以此来展现尊重。除了全员大会应当尽量全员参加以外，如果员工们在自己管理项目，那么他们可以自行决定某个会议是否值得参加。强制与会代表这样一种暗示：你比员工更知道如何管理他们自己的时间。

善用比自己能力强的下属

尊重他人的一个重要方面是认可他人的才能并给予适当的酬劳。换句话说就是领导者拿到的钱不要高得离谱。彼得·德鲁克在 2011 年写给美国证券交易委员会的一封信当中提到："我经常向管理人员建议，如果他们不想让自己的员工心怀愤恨或是士气低沉，高管与员工的薪酬比就不要超过 20 ：1。" 2015 年，美国标准普尔 500 指数当中的大企业首席执行官拿到的平均年薪高达 1380 万美元，而这些企业员工的平均年薪仅为 7.78 万美元，首席执行官与员工的薪酬比高达 204 ：1。比德鲁克提出的标准超出了太多。

提到自然的领导者，美国第二大零售商好市多（Costco）的创始人吉姆·西格尔（Jim Sinegal）就是一个优秀的例子。身为公司的创始人，他的年薪仅 35 万美元，就连公司的董事会都认为他的这份年薪太低了。他的年薪是好市多普通员工的 10 倍，是收入最高的店长的 2 倍。吉姆每天上班的时候都佩戴着自己的好市多姓名牌，每个月至少有一天是到一线零售店去工作。他的一举一动无不在展示自己是一个具有团队精神的人。很自然地，大家都发自内心地喜欢吉姆，并乐意为他努力工作。其中一个迹象是，好市多的失窃率（包括顾客与员工偷窃）是行业平均水平的十分之一。

薪酬、奖金和股票期权等信息是包不住的，迟早会被全公司的人知道。如果领导层拿的薪酬过高，尤其是当他们一边拿着高薪酬一边要求员工勒紧裤腰带的时候，信任的基础就会动摇。确切地说，公司高层拿的年薪越高在位时间越长，公司的表现越不尽如人意。不管是在股票市场还是在会计业绩方面。这一条"不要给公司高层过高的报酬"建议与人们传统的认识恰好相反。人们往往认为，为了取得最佳的业绩表现，就要花钱雇用最优秀的管理层。这是管理学当中的 X 理论。而几乎所有关于员工激励的研究都支持的是 Y 理论：内在激励比金钱激励更为强力有效，且更为持久。过高的薪酬会刺激领导者的睾酮释放，由此导致他们在进行决策的时候过于自信，不能很好地听取他人的意见。如果领导者的薪酬与员工相比过高时，他们思考问题的角度就由"我们"变成了"我"。

信任度高的组织或企业注重的是"我们"，而不是"我"，即团队凌驾于个人之上。领导者需要不断自我审查，像其他人一样撸起袖子冲锋陷阵。如果你是一家公司的创始人或是曾长期担任领导层职务，那么你很有可能享有股东权益。这自然是你应得的。但是除此之外，如果你想把企业的信任文化维持在较高水平，就把自己的薪酬控制在合理的范围之内。

共享式领导

凯旋公关策划集团（Ketchum）通过调查发现，"明星式"领导正在逐渐被"共享式"领导取代，后者可以对各个层级的员工赋能。推行放权的组织或企业当然应当要求每个人都扮演领导者的角色——以及被领导者的角色。如果一个企业的信任文化很高，每个人都能在不同时间、不同地点承担起领导责任，所以自然对每个人都很重要，不仅仅限于高层领导。

自然可以建立一种人人皆可担当领导大任的企业文化。为达到这一目的，可以为组织或企业每个层级的员工提供正式的领导力培训，还可以通过更为润物细无声的方式让一线员工感觉到自己是高层领导的"服务对象"。有些公司的领导会给员工洗车，为他们带早饭，甚至给他们擦鞋。美国快餐连锁店福来鸡（Chick-fil-A）的首席执行官丹·凯西（Dan Cathy）就是这么做的。谦逊是一种非常吸引人的美德。

学会反思自己

我经常乘坐飞机，对飞机的一切都很感兴趣。在商业航空业的早期，飞行员们都是绝不会犯错的"空中之神"，从不听取别人的意见，就连副驾驶的意见都不行。但是，当商业航空在 20 世纪 50 年代运量猛增的同时，这些"空中之神"也出现了飞机坠毁的事故，遇难乘客的数量令人震惊。这就引发了人们对于好飞行员与差飞行员之间行为差异的研究。可靠的飞行员的参考标准同时也是如何成为自然的领导者的一个很好的对照检查表，所以有必要在这里列出来：

A. 差劲的责任机长

◇ 符合人们眼中的"铁血飞行员"和"太空英雄"形象。

◇ 不能意识到机组人员在面临压力或是遭遇紧急情况时的个人局限性。

◇ 不能充分发挥机组人员的聪明才干——工作技能、知识储备和经历经验。

◇ 缺乏发现问题以及观察机组人员反应的敏锐性。

◇ 容易造成驾驶舱内的紧张气氛。

◇ 不容易营造基于机组团队协调配合的驾驶舱氛围。

B. 优秀的责任机长

◇ 能认识到机组人员有各自的局限性。

◇ 能认识到遭遇紧急情况时机组人员的个人决策能力会受到影响。

◇ 鼓励其他机组人员对决策以及行动提出疑问。

◇ 能清醒地认识到机组人员的个人问题可能会对其表现造成影响。

◇ 坦诚地讨论个人的局限性。

◇ 能认识到飞机驾驶员有必要讲清楚计划行动与流程。

◇ 能认识到机长在其他机组人员培训当中扮演的角色。

◇ 能认识到驾驶舱的氛围必须宽松和谐。

◇ 能认识到管理风格应当随着情况以及机组工作人员构成变化而调整。

◇ 强调机长对于协调各机组成员职责的责任。

这个词约指明的对照检查表囊括了成为一名体贴入微、平易近人的自然的领导者应当做什么，又不应当做什么。它也指出，不管在什么情况下，领导者都要在别人搞不定的时候站出来主持大局。自然的领导者是"仆人式"的领导者。"仆人式"的领导者应当优先考虑帮助自己组织或企业的成员在工作中取得成功，在生活中心满意足。最近一项研究发现，与"命令式"领导相比，"仆人式"领导更受员工信任。自然的领导者可以通过自己每天带到工作当中的热情与优缺点巩固组织或企业的信任文化。如果领导者不能欣然接受信任的企业文化并且自己身体力行做到值得信赖，那么信任的企业文化就难以为继。

赫曼米勒公司的前任首席执行官马克斯·迪普瑞（Max De Pree）曾写道："领导者的首先任务是评估现状，最后是表达感谢。在这期间，领导者应当做一名仆人。"

周一清单

· 每个月至少拿出一天到一线工作。

· 请求别人的帮助，而不是命令别人拿出结果。

· 尝试用自己两倍的讲话时间去聆听。

· 通过和别人分享自己的感受来展现自己的弱点。

· 记得展示出对所有人的尊重。为了更好地坚持，可以在每次不善待别人之后罚自己10美元，并把钱捐给慈善机构。

高绩效的催化剂，
是信任和目标

打造一支彼此信任的高级团队，在共同目标的指引下，集中全部精力对抗外在风险，组织内部协调一致，是零内耗企业的重要优势。

Arbejdsglaede。就我所知，世界上只有北欧斯堪的纳维亚半岛的语言中有专门的单词表达工作当中的快乐，比方说丹麦语的 Arbejdsglaede。既然丹麦语当中有其他语言没有的单词，那是不是意味着丹麦人知道一些其他人所不知道的事情呢？

为了搞清楚这一点，我和我的团队在拉斯维加斯度过了一周。我们并不是在偷偷监视在那里参加商业会议的丹麦人，而是躲在拉斯维加斯市中心一座大楼的顶楼进行一场神经科学实验。实验对象是来自美国最快乐的公司之一——美捷步——的员工。美捷步员工的 Arbejdsglaede 从何而来呢？是因为管理层当初招聘的就是天性快乐的员工，还是因为美捷步的企业文化让员工可以感受到 Arbejdsglaede？这个单词实在是太别扭了，我们还是用"快乐"来替代吧。

我和实验室的研究人员开着租来的厢式货车前往拉斯维加斯，车厢里载着注射器、装血的试管、干冰，以及监测心率、迷走紧张和手心出汗等的无线传感器。美捷步的员工和普通人不一样，我们希望能通过收集他们工作时脑活动的数据来揭示是什么让他们如此快乐。如果结果发现热情而又忠心的员工是在于招聘时的选人，那么企业文化也许并没有那么重要。之前的章节中曾介绍过，招聘的时候很有必要考虑员工与企业文化的契合度。但是，如果工作当中的快乐并不需要做出企业文化上的改变，只要招聘特定类型的员工就可以实现，那么企业文化只需要专注于让该类人成功。即使是这样，信任也将非常重要，只不过不如寻找合适的人才。所以说，员工的高忠诚度是因为招聘的时候选对了人，还是因为企业文化的功劳？本章给出的答案是：二者缺一不可。

本章还会解释为什么行之有效的企业文化可以给员工带来工作上的快乐。这里就需要用到高绩效的另一个催化剂：目标。目标与信任之间的良性互动可以体现在等式上：快乐 = 信任 × 目标。既然推出了这个等式，我将引用大量实验的数据来支撑这一关系。通篇看完这本书，最值得记住的就是这个等式：快乐 = 信任 × 目标。这一简单的表述可以告诉我们如何构建带来高绩效的企业文化。如果员工们经常能获得工作当中的快乐，就说明他们处在一个优秀的企业文化当中。

员工的好心情与将公司股东的利益最大化又有什么关系呢？股东是公司名义上的所有者，就应当将他们的利益（很多时候是短期利益）放在首要位置。虽然还有很多经济学家在大肆宣扬这样的观点，但是它将相关性与因果关系搞混了。公司价值的增加靠的是不断地做正确的事：建立高敬业度和创新力的企业文化，爱护自己的客户，以及管理好公司手头的资源。如果看错因果关系，即管理者应当仅致力于最大化股东的利益，那么就会带来短视主义、过高的薪酬、不理智的企业兼并以及忽略公司两个最重要的基础：为公司卖力工作的员工和为公司带来收入的客户。

通用电气前首席执行官杰克·韦尔奇在执掌通用电气的时候是最大化股东利益的坚定支持者，但后来又强烈抨击这种看法，将之称为"世上最愚蠢的主意"，因为"股东利益是结果，不是策略"。现在许多富有远见的商界领导人也站在韦尔奇的立场上，而且其中许多人在 20 世纪 70 年代这种思想大行其道的时候就持反对意见。1979 年，美国桂格燕麦公司（Quaker Oats）的董事长肯尼斯·梅森（Kenneth Mason）就曾写道："将盈利视为企业的目标就如同将填饱肚子当作生活的目标一样。填饱肚子是生活的需要，而生活的目标应当是更为广泛和更具挑战性的。企业与盈利之间的关系亦是如此。"组织或企业在盈利之外的那些更为广泛、更具挑战性的目标，我将之称为"超然目标"。

从根本上来讲，组织或企业的存在是因为其能改善客户、员工以及社区的生活。这就是组织或企业的超然目标。客户掏钱购买公司服务的原因不外乎因为这样能让他们生活得更好。根据这一标准，每家组织或企业都可以发现自己的超然目标，并衡量是否在实现超然目标。

超然目标应当与组织或企业的交易性目标区分开来。各行各业都有保证有效交易实现的流程，从原材料的订购、产品和服务的生产，再到将产品与服务交付客户。交易性的目标只是实现盈利所必需的普通商业活动。超然目标是一个更大的概念：组织或企业如何为人们以及人们的需求服务。接下来，再提到超然目标这一更大概念的时候，我会用加黑的**目标**来替代。

不仅仅是快乐

神经科学对信任度高的组织或企业可以给出一个非显著性的预测：信任加目标可以带来工作的乐趣。我的实验室及他人进行的实验显示，在信任度高的企业文化中工作会让人快乐。信任通过催产素与多巴胺的相互作用来产生快乐（第一章），这就让我们乐于在自己信任的队友身边工作。得到他人的信任又可以降低慢性压力的水平，从而消除了快乐的又一个障碍。理解了组织或企业为社会创造的价值，即其目标，则可以带来催产素的第二个刺激。助人为乐的感觉，即使有时我们可能意识不到对方是一个强大的催产素倍增器。

这个道理不是很浅显，很多组织或企业就领会错了意图。并不是说组织或企业应当努力让员工在工作当中得到快乐。快乐是一个结果，是因为与信任的同事们为了超然目标而奋斗的结果。"OXYTOCIN" 8 种因素是用来为员工带来挑战性，让他们实现重要目标。研究发现，奋斗可以产生成就感。当人们愿意工作，可以得到适度的挑战并且能因自己取得的成绩而得到认可时，快乐自然而然就产生了。美国喜剧演员克里斯·洛克（Chris Rock）经常讲到他高中退学之后在红龙虾餐馆（Red Lobster）洗盘子的经历。那时的他每天的工作就是站在水池旁边洗装龙虾的盘子。他说那时的自己就只知道这是一份工作而已，因为每天都过得很痛苦。而现在，等到有了自己的事业之后，他总是觉得时间不够用，因为有太多有意思的项目等着他去做。用他自己的话说："当拥有自己的事业时你就会发现，每天的时间真的不够用。"这段令人发笑的独白同时也发人深省：事业可以给我们带来快乐，工作却很少能做到。

　　神经病学家、心理学家，同时也是纳粹集中营的幸存者维克多·弗兰克尔（Viktor Frankl）曾写道："刻意地追求快乐，反而会离快乐越来越远。"不仅工作当中是这样，工作之外也是如此。快乐是得到信任并因为信任而掌握的自主权所带来的结果，但是关键取决于衷心拥护组织或企业的超然目标：一份营利或是非营利的事业如何造福于自己的客户、学校的学生还有自己城市的人民。弗兰克尔将之称为"努力寻找意义"。

　　20世纪的两位伟大管理思想家彼得·德鲁克和威廉·爱德华兹·戴明（W. Edwards Deming）都认为了解一个企业的目标对于实现高绩效非常重要。德鲁克写道："在我们这个由组织和企业组成的社会当中，绝大多数人是通过工作取得成就，获得满足感以及参与社区生活。"被基督教奉为圣人的中世纪哲学家托马斯·阿奎那（Thomas Aquinas）也说过："没有工作当中的快乐，也就没有生活的快乐。"

寻找目标

　　美国德勤与哈里斯民意调查公司联合举办的一项调查显示，从世界范围来看，目标仍然严重缺少。68% 的员工以及 66% 的高管认为自己所在的组织或企业在建立目标企业文化当中投入过少。接下来的数据更加有趣：工作在高目标的组织或企业的调查对象当中，91% 的员工表示自己公司在历史上有着强劲的财务业绩，94% 的员工认为自己公司有出色的客户服务，79% 的员工表示自己对现在的工作感到满意。低目标的组织或企业又如何呢？仅有 66% 的员工表示公司在历史上有着强劲的财务业绩，63% 的员工认为自己公司的客户服务出色，而仅有 19% 的员工对现有工作感到满意。在受调查对象中，仅有一半知道自己组织或企业的目标。

要想利用好目标带来的能量，就必须做到以下两点。首先，必须简洁明了地指出自己组织或企业的目标。其次，必须保证员工可以感受到目标的存在。许多公司都有自己的目标宣言，接下来也会讨论一些。但需要指出的是，对目标的详细阐述往往比简单一两句口号更有说服力。

为了找寻组织或企业的目标，不妨回想一下。创始人当时为什么冒着自己生计的风险来创立这家公司？创始人当时的愿景保留下来了吗？组织或企业的每一名成员是否都认可这一愿景？创始人及其奋斗的故事是传递和分享组织或企业目标的最佳方式。关于目标的阐述应当说明创始人是如何谋求改善他人的生活：客户，社区成员乃至全世界。这其中就必然要关注他人的需求，而不是对自我的吹捧。

如果我们不方便通过自己组织或企业创立时的故事来阐述我们的目标（比方说组织或企业曾经历过多次兼并），不妨试试相反的时间顺序：创始人想让别人如何回忆自己的职业生涯？或者是现任领导想被人们如何记起？接下来，扪心自问，组织或企业正在为创造这一目标而做些什么。这一问题直抵组织或企业存在的深层次原因，以此为基础，可以对企业文化进行阐述。

有的放矢的目标文化

想要将目标文化的作用最大化，就必须再三强调，直至贯彻到组织或企业的方方面面。在访问总部位于美国加利福尼亚州的领英公司时，我遇到的每一名员工在和我谈话的前5分钟内都提到了领英的目标宣言："连接全球职场人士，并协助他们事半功倍，发挥所长。"这种外向型的宣言充分体现了他们的工作如何改善别人的生活。虽然这不是一个引人入胜的故事，但是胜在简洁明了、方便记忆。领英的首席执行官杰夫·韦纳（Jeff Weine）曾对我说："领英最重要的竞争优势就是企业文化和价值观。"领英的每个业务部门都会用这个宣言来评估手头的项目是否应当继续。韦纳还说道："这种事情重复多少次都不嫌多。"他说的没错：只有每一名员工都知道目标是什么，目标才最有效。

激情四射的目标叙事手法比简单罗列事实更能让人记住，更能激发人们的行动。管理学家吉姆·柯林斯（Jim Collins）和杰里·波拉斯（Jerry Porras）在提到何为有效的目标叙事时给出了英国前首相丘吉尔在二战前夕对英国人民的演讲作为例子。丘吉尔并不是高呼口号"打倒希特勒"，而是讲述了英勇斗争的故事。他在演讲中说：

希特勒深知，倘若无法在英伦岛上击溃我们，他就会彻底失败。倘若我们能抵挡得了他，整个欧洲就会得到自由，世界各国就能走上康庄大道。但是，如果我们失败了，全世界，包括美国，包括我们熟悉、深爱的一切，都将陷入新的黑暗时代，堕入深渊。而由于科技发达，这个黑暗时代将更加险恶，更加漫长。因此，让我们振作起来，恪尽职守。假使大英帝国和联邦得以永世长存，那么将来人们会这样评价此刻："这是他们最光荣、最美好的时刻。"

这才是目标叙事应该有的样子。

构建目标叙事

许多组织或企业都会定期创造出新的目标叙事，以此来不断强调自己存在的理由。最好的目标叙事都是在以人的角度讲故事——既紧张刺激，又有真情实感，讲述发生在平凡人身上的不平凡事。叙事的主人公可以是组织或企业的员工，也可以是得到组织或企业成员帮助的客户。想要讲好目标叙事，我们可以问自己5个"为什么"：为什么我们要销售这种产品或服务？为什么我们要这样运行？为什么别人会对我们提供的东西感兴趣？为什么我们要继续这么做？为什么这件事如此重要？领导者应当收集这些故事，并合理地加以运用，以期达到最佳效果。

乔氏超市每个月发给员工的时事通讯当中经常讲到为顾客提供出类拔萃服务的员工的故事。21世纪初的一份时事通讯当中讲到乔氏超市的一名员工冒雨离开工位帮顾客借电启动车子的故事。这名顾客在感动之余给乔氏超市的首席执行官道格·劳赫（Doug Rauch）写了一封信，感谢他培养了一个如此优秀的以顾客为先的员工——即使顾客已经买完东西走了。劳赫告诉我，乔氏超市的目标就是让顾客满意，而销售食物只不过是让顾客满意的一种方式。乔氏超市讲述这位员工为顾客借电启动车子的故事就是为了让所有的员工都能受到鼓舞。拥有自己目标的组织或企业是一项事业，而不仅仅是进行交易的场所。

我的实验室曾花费了10年的时间来研究叙事的神经生物学，以说明为什么有的表达方式更有说服力。研究发现，作为社会生物，我们人类的大脑喜欢主角可以引起我们共鸣的故事。好的故事不仅紧张刺激，而且往往包含一个超然目标。故事里的人物虽然也有缺点，但是会通过英勇的奋斗来取得非凡的成就。我们的研究发现，当这样的故事引起我们大脑当中催产素的释放后，我们会对故事里的主人公产生同情，由此我们就会产生想要模仿的意愿，从而改变我们的态度、观点以及行为。好的故事就这样打入了我们的大脑内部，用榜样的力量告诉我们人的能力可以达到更高的高度。我们关于叙事的研究也得到了美国国防部的资助。国防部想要给特种部队再装备一种鼓舞他们战斗的强大武器：故事。我们的研究发现已经被用于美国布拉格堡（北卡罗来纳州中南部城镇）的士兵训练当中。既然传递目标的故事可以用来激发战斗当中的自愿合作，那么当然也可以在我们的组织或企业当中奏效。

目标是用来执行的

目标叙事从顾客嘴里讲出来往往具有很强的说服力，因为顾客亲身体验过超然目标带给他们的触动。包括密歇根大学在内的许多高等院校都有专门负责募捐的办公室，员工（往往是学生）照着通讯录给校友打电话进行募捐。大多数接到这样电话的人要么拒绝，要么一言不发地挂断电话，再要么就是冲着打电话的人大喊大叫。当现在宾夕法尼亚大学沃顿商学院的亚当·格兰特（Adam Grant）教授还是密歇根大学的一名研究生时，他就采取了一项干预措施。他请一位靠奖学金进入密歇根大学的学生来到募捐办公室，和这里的学生们分享了自己的故事，让他们知道自己的工作对他的人生有着多么重大的意义。接下来的一个月，募捐办公室募集到的金额上升了171%。那些拨打电话的学生感受到了自己岗位的目标，在工作当中一直没有忘记那名学生向他们讲述的极具说服力的目标叙事。

迪士尼乐园的目标就是为游客带来快乐。这一目标在迪士尼乐园的演艺人员走上工作的第一天就被他们所熟知，而且还不断通过视频、时事通讯以及领导者分享的故事得到加强。迪士尼乐园的每个人，不论从事哪个岗位扮演什么角色，都应当捡起看到的垃圾，祝带着生日胸针的游客生日快乐，并回答游客提出的问题，因为这才是在地球上最快乐的地方工作应该有的样子。迪士尼乐园的员工践行目标的方式很简单，在游乐园里四处走动就可以做到。

迪士尼乐园为了强化目标意识，还会举行午夜活动，员工分成小组，像侦探一样寻找解答谜题的线索。这项活动每年都会举行，而且每名员工都很期待。迪士尼乐园通过这种仪式，让员工得以感受自己努力为游客提供的美好体验。不仅迪士尼乐园，很多公司也在通过仪式来增强团队合作，促进目标意识。达维塔保健公司举办自己的达维塔奥运会，各个团队在简单运动、表演短剧或唱歌当中争夺金牌。非营利组织主根（Taproot）的创始人亚伦·赫斯特（Aaron Hurst）主张把目标看作一个动词：我们应当为了目标做些什么。

仪式不仅能促进目标意识，还能建立同事间的关爱。我的实验室研究发现，队列行进、合唱和冥想等集体活动可以促进催产素的释放，从而增强成员间的关系。当大家为了同一个超然目标努力时，关爱自然而然就会产生。工作当中难免会有难啃的骨头，但是只要员工明白这样的工作可以帮助到他人，大多数人都会有动力去完成。我的实验室曾为美国空军进行过一场为期 9 个月的极为复杂的神经科学实验，每天工作 10 个小时，每周要工作 6 天。这项工作特别累人。当我的团队显露出疲态和倦意的时候，我就会提醒大家，我们是在进行一场极具挑战的科学研究，为的是帮我们的士兵减少伤亡。这就是我们的目标叙事。在数月的时间里，我和我的团队像战士一样坚持了下来，最终收集了 10TB 的数据，完成了这项关于人际间信任的综合神经科学研究。该研究的难度之大，恐怕全世界都是绝无仅有的。正是因为我们清楚自己辛苦工作的原因，所以我们才能在最困难的时候咬牙坚持了下来。

目标的传播

目标叙事不仅应当在组织或公司内部传播，还要走出去吸引顾客。1997 年，史蒂夫·乔布斯重返苹果公司担任临时行政总裁，并发布了一场耗资 1 亿美元的广告宣传活动——"非同凡想（Think Different）"。而当时的苹果公司正在对自己的 4100 名员工进行 31% 的裁员，以便进行重组。当时苹果公司的资金仅能维持 90 天的正常运行，但是乔布斯还是坚持推行广告活动。这场广告活动展现了对外的关注和雄心壮志，但就是一点也没提苹果公司的电脑。广告里面展现了圣雄甘地、托马斯·爱迪生、巴勃罗·毕加索等破除传统观念习俗的英雄人物。该广告的初衷首先是激励苹果公司的员工，其次才是吸引顾客。2013 年，苹果公司的首席执行官蒂姆·库克推出"由加利福尼亚州的苹果公司设计（Designed by Apple in California）"广告活动，向乔布斯致敬。该活动一开始也是旨在激励苹果公司的员工，后来也被发布到了网上。宣传口号是"这就是为什么"。这场活动通过展现苹果公司员工为使自己的产品美观、简约以及新颖付出了多大的努力，很好地传达了苹果公司的目标。苹果公司对自己工程师的辛劳感到自豪，也想让每一名员工（以及顾客）都对他们的目标感到自豪。

有时，我们可以定下主营业务范围之外的目标。Beautologie 是一家整形美容公司，在刚设立的时候并没有清晰的目标，直到后来该公司决定在下属的诊所里提供免费的洗文身服务。现在，该公司已经为超过 500 名的前帮派成员洗掉了文身，同时也帮助他们清洗掉不堪回首的过去，找到更好的工作，过上更好的生活。该公司的员工对这一切感到非常骄傲，因为他们参与到了比美容和挣钱更伟大的事业当中。Maritz Travel 旅行公司成立了一个举报拐卖妇女的目标项目，以期在其运营范围内的众多国家终结这种可恶的罪行。这两家公司的员工都表示，能够帮助他人过上更好的生活是一种非常强大的动力。

讲好故事

用目标叙事来阐明企业目标可以称为"讲好故事"。美国的鞋履品牌汤姆布鞋（Tom's Shoes）堪称这方面的典范，其推出的"卖一捐一"项目不仅易于理解，而且广受欢迎。顾客每购买一双鞋子，汤姆布鞋就会向贫困儿童捐出一双鞋子。这也就是说，每一名顾客在购买时都参与到了汤姆布鞋的故事当中。汤姆布鞋讲的故事里有儿童、贫困还有善举。最近，汤姆布鞋还将眼镜作为捐赠物品，继续采用"卖一捐一"的方式改善儿童的视力。汤姆布鞋不仅仅是一家卖鞋的公司，更是一家会讲好故事的公司。

另外一家擅于讲好故事的公司来源于一次偶然。1982年，一位名叫迪特里希·马特希茨（Dietrich Mateschitz）的奥地利牙膏商人赴泰国出差，饱受时差反应的困扰。当地人把他领到了一家售卖 Krating Daeng 饮料的商店，当地的卡车司机和工人经常喝这种饮料来保持活力。这种饮料奏效了，马特希茨也意识到，这种有兴奋作用的饮料在年轻的运动爱好者当中应当大有市场。马特希茨和当地的制造商取得了联系，并一起成立了一家公司来生产和销售这种饮料。从一开始，马特希茨和他的合作伙伴们都将自己公司的饮料视作尽情享受生命的生活方式的一部分。可能有的读者已经猜出这种饮料翻译过来的名字是什么了，就是红牛（Red Bull）。红牛赞助了高空跳伞、攀冰、激流泛舟等许多极限运动。打开一罐红牛，仿佛就和这些挑战极限的运动员在并肩战斗。我曾在内华达山区的一座酒店里和一群红牛公司的员工共同度过了一个周末，我自己的亲身感受就是，红牛公司的目标故事响亮而且自豪。

迪士尼、塔吉特（Target）、星巴克、美国运通和苹果等公司也是会讲好故事的佼佼者。有一项研究对比了会讲好故事的公司与叙事一般的传统公司的业绩报告，结果发现，在 2007 年至 2013 年间，前者的年均收入增长达 9.6%，而后者仅为 6.1%。

包容性目标

组织或企业要想发展好，目标的包容性很重要。就拿易趣网的企业目标就是很好的例子："通过商业，我们创造的价值可以帮助我们每个人追求更好的生活，建立丰富我们共同体验的人情纽带。"这里的"我们"就传递出了一种明确的信息，易趣网的目标并不是追求利润的最大化，也不是股价的上涨。而是为全人类服务。服务意识正是目标叙事的精髓。在一个目标清晰且传达到位的组织或企业当中，员工自然会更多地用"我们"，而不是"我"。露露柠檬公司的目标是培养可以帮助"带领世界从平庸走向伟大"的领导者。这一目标既可以鼓舞自己的员工，也可以吸引顾客，而且引人奋进，立意高远。

美国农用化学品巨头孟山都公司（Monsanto）的目标宣言既简单又直接："喂养世界。"这短短的四个字既交代了孟山都公司是做什么的，又阐述了为什么这么做。这是一个行动号召，也是在讲好故事。不仅没有华丽的辞藻，而且通俗易懂，还有很强的包容性。孟山都公司的财务数字证实该目标宣言确实奏效：2009 年，孟山都公司被《福布斯》杂志评为年度最佳公司，当年的收入达 150 亿多美元。

美国著名摩托车品牌哈雷 - 戴维森（Harley-Davidson）在 2003 年借庆祝自己成立一百周年之际给自己的目标叙事注入了新的活力，精心推出了一本关于哈雷摩托车设计师威廉姆·戈弗雷·戴维森（William Godfrey Davidson）的回忆录。威廉姆·戈弗雷·戴维森还是哈雷摩托其中一个创始人的孙子。这本回忆录以威廉姆·戈弗雷·戴维森的口吻讲述，其中还有翔实的文献资料以及图像资料，封面是黑色的橡胶书皮，而且封面上还有和哈雷摩托油箱上一模一样的铝制商标。这本书吸引着哈雷摩托车公司的员工以及顾客去深入地了解这家公司。这本回忆录以人为出发点，其中还有万丈豪情［哈雷摩托车在 20 世纪 70 年代末几近破产，戴维森自己掏钱将公司从美国机械与铸造公司（AMF）手里买了回来］，并且趣味横生、鼓舞人心。此外，通过这本回忆录，哈雷摩托车公司还能娓娓讲述自己对摩托车的热爱缘何而起。哈雷摩托车通过文化产品来将自己公司的目标以可触摸的方式来传达，这种做法值得所有组织或企业借鉴。

目标叙事不一定非要从最高管理层自上而下传达（但是高管们应当倾力支持）；还可以从一线员工出发。2014 年，四大会计师事务所之一的毕马威会计师事务所（KMPG）的首席执行官约翰·维梅耶（John Veihmeyer）邀请所有的员工写下自己工作动力的来源。员工们写出了许多精彩的目标宣言，比如说"我在促进和平""我们在保护自己的国家""我在促进科学发展"等。该项目的成功促使毕马威将自己的目标宣言用简短的两句话凝练地概括出来："激发信心，成就创新（Inspire Confidence, Empower Change）。"仅将这两句话放在自己的官网上来装点门面是远远不够的，更重要的是可以让员工切实感受和亲身践行。为达到这一效果，毕马威推出了一系列的视频，讲述自己如何在解决全球各项危机当中提供帮助，其中包括第二次世界大战结束前的一系列谈判、伊朗人质事件的解决，以及南非的异见人士纳尔逊·曼德拉（Nelson Mandela）当选总统等。在视频推出之后，毕马威还在各办公室张贴员工在改善客户、社区乃至世界各地的生活方面做出的贡献。

　　在寻找最佳的目标叙事的过程中，毕马威公司发现员工不仅愿意说出自己践行企业目标的故事，也乐于分享别人的故事。为了把这件事做好，毕马威推出了自己的手机应用——"一万个故事"，让员工尽情分享自己的观点。这项手机应用取得了巨大的成功，截至作者写这本书之前，已经收集了多达 4.2 万条故事。

　　这一系列举措的效果如何？两年过后，89% 的毕马威员工认为自己效力于一家伟大的组织，而之前仅有 82% 的员工这样认为。在积极宣扬企业目标的主管身边工作的员工，他们追求工作卓越的动力与不积极宣扬企业目标的主管身边的员工要高一半，离职率则低一半。毕马威公司现有的领导力发展项目中有一个模块就是帮助员工提出令人信服的目标叙事。随着员工对公司的自豪感上升，毕马威在《财富》杂志 2015 年评出的"年度最佳雇主"百强中的名次上升了 17 名。维梅耶曾说："我始终认为，宣传企业文化是任何一家组织或企业的首席执行官的最重要责任。"

　　美国国际集团（AIG）是一家国际性跨国保险及金融服务机构集团。在该集团的韩国分公司提出自己的目标叙事之后，该集团便一直致力于推出可以鼓舞员工斗志的目标叙事。韩国分公司拍摄了一部短片，讲述了为什么给客户提供服务可以给自己带来工作上的快乐。虽然这部短片一开始只是针对韩国分公司，但是这种想法很快引起了美国国际集团在世界各地的分公司的积极效仿。美国国际集团的领导层对各公司拍摄的短片大为赞许，并鼓励每家分公司这样做。拍摄这些短片给美国国际集团带来的成本是多少呢？零。

　　美国维珍航空公司的员工最近也效仿了这一做法，他们在一家新公司成立的时候录下了一段跳舞的视频。维珍航空的首席执行官理查德·布兰森（Richard Branson）看到这段视频的时候也表示赞赏。美国洛马林达大学（Loma Linda University）的校医院也通过类似的方式请医生们分享自己在照顾病人当中的有趣经历，然后每年将收集的故事整理成一本书，书名就叫作《践行我们的价值观》。

长期的动力需要超然的目标做支撑

现在已有大量的证据表明，超然目标对于人的心理健康至关重要。不论是工作还是生活当中，当能找到自己行为的意义所在的时候，我们可以更为专注，更容易成功，而且适应能力也更强。在面临困境的时候，拥有目标的人也有更高的满意度。维克托·弗兰克尔曾写道："如果人生真的有意义，那么痛苦也自有其意义。"诚然，我们难免会在工作当中遭遇挫折，在任务截止日期前焦头烂额，在追求卓越的道路上磕磕绊绊，但是如果这些时候我们身边有信任的队友做伴，这些困难也会给我们带来快乐。曾有一项研究让受试者将手在冰水里放置尽可能多的时间，结果发现，如果身边有朋友的陪伴，受试者可以坚持忍受更长的时间。

许多组织或企业都为自己的员工提供通过分享自己的资源以及技能来帮助他人的机会。谷歌公司的一个项目鼓励自己的员工每年接种流感疫苗。每一名员工接种流感疫苗，谷歌公司就会出资为发展中国家的一名儿童接种脑膜炎或肺炎疫苗。达维塔保健公司的"生命之桥"项目则鼓励自己的成员积极参与在不发达国家建立血液透析诊所。领英公司的"特派员的一天"项目则邀请员工教小学生编程。该项目是领英公司的"领英在行动"倡议的一部分，该倡议还提供机会让领英公司的员工与非营利性组织一起帮助退伍军人完成过渡，寻找私营部门的就业机会。领英公司每新建一座大楼，都会在墙上的醒目位置用艺术的方式展示"领英在行动"，以让每个人都能看到自己的企业目标。

　　还有一些公司通过重组为"共益企业（也就是 B 型企业）"来彰显自己的超然目标。美国环保型清洁产品生产商 Method 在 2013 年就转型为一家共益企业，以此来对内外强调自己的超然目标。有数据显示，与非共益企业相比，共益企业的满意度高、积极性强的员工比例足足高出 46%。在成为一家共益企业之前，公司和企业需要通过公益企业认证，在保持盈利的同时满足高标准的社会和环境道德。共益企业比普通企业有着更高标准的透明度要求，而且需要在报告中说明公司或企业对所有利益相关方的影响，而不仅仅是对股东的影响。已经得到共益企业认证的各行各业的公司或企业都向外界传达了自己为实现社会与环境目标所做出的努力。2015 年，年收入达 500 亿美元的联合利华集团表示正在考虑争取获得共益企业认证。由此可见，越来越多的企业正在追求超然目标。

　　彼得·德鲁克在晚年提出，非营利性组织应当为营利性企业树立良好的榜样，因为非营利组织的立身之本正是超然目标的企业文化。志愿者选择加入非营利性组织是因为自己相信该非营利性组织的超然目标。营利性企业也应当寻求用类似的方式鼓舞员工的积极性。用德鲁克的话说就是："这个世界最缺少的并不是财富，而是憧憬。有了憧憬，人们才能相信自己所处的社会有机遇，有能量，有目标。"虽然股票价格的上涨可以让大家开心，但是要想为员工提供长期的动力，就需要超然目标。

检验超然目标的效果

　　我的实验室进行了大量的实验来寻找超然目标鼓舞人心的原因，以及为什么信任可以增强这种鼓舞作用。我们首先进行的是一项神经科学实验，在提供在线小额贷款服务的非营利组织 Kiva 的网站上，我们将为非洲女性寻求贷款的需求进行了一些修改，其中一部分需求包含超然目标，另一部分则没有。比方说，某一项贷款需求是用来提供更多的女性就业机会来减少针对女性的暴力——这当然是一个超然目标。在122位受试者浏览这些贷款需求的时候，我们通过测量并获取他们大脑活动的数据，来论证超然目标是否能提升受试者为这些项目提供贷款的意愿，如果是的话，又是为什么。我们在实验当中发现，为具有超然目标的贷款项目提供贷款的受试者比为另一部分项目提供贷款的受试者要多45%，而且具有超然目标的项目募集到的贷款金额要高28%。当贷款的需求者被认为是值得信赖的时候，受试者为该贷款项目提供贷款的概率更高。神经数据显示，具有超然目标的贷款需求与其他需求相比可以更为强烈地促进催产素反应。

在另外一项试验当中，我们在美国中西部的一家制造企业以现场实验的方式请大约100名员工完成与工作相关的任务，与此同时监测他们大脑释放的信号。与公司的超然目标吻合程度位于前25%的员工和后25%的员工相比，前者生产效率要高14%，具有统计上的显著差异。

在第三个实验当中，我们针对由1095名来自美国工作人群的受试者组成的全国代表性样本进行调查，以检验信任与超然目标之间的关系（该试验的更多细节将在第十一章中介绍）。调查问题涵盖"OXYTOCIN"8种因素、对同事的信任程度，以及对自己公司具有超然目标的认可程度。受试者从1到5分的范围内回答"你一般情况下有多喜欢自己的工作？"给出的答案就是快乐的程度。我们将信任与目标的乘积与快乐进行了比对，发现这两者之间具有0.77的显著正相关。

这三项实验采取了不同的方法，印证了目标与信任可以产生快乐，也为具有超然目标的企业在业务成效上表现更好提供了一些证据。

其他证据支持

其他研究者运用其他分析方法得到的结果也印证了我关于目标可以提升表现的结论。巴布森商学院(Babson College)的拉吉·西索迪亚(Raj Sisodia)教授挑选了具有较高目标的上市公司，并对其股票价格进行了研究。他在研究当中发现，在 1996 至 2006 年期间，具有较高目标的公司的股票收益率与标准普尔 500 指数的平均收益之比达到了 8∶1。宝洁公司的前任全球营销负责人吉姆·斯登戈尔（Jim Stengel）在股票收益率分析当中用到了另外的目标标准和时限。他的研究发现，2001 至 2012 年期间，具有较高目标的公司的股票收益率比标准普尔 500 指数的平均收益要高 400%。股票收益率反映了市场参与者对公司未来盈利的预期，因此上述两项研究说明，数百万股票交易者都对目标提升表现有信心。设立超然目标甚至可以提升高中生们进行"无聊"任务的表现。

成就大事的唯一途径就是热爱自己正在做的事

在美捷步公司进行的实验当中，我们邀请一半的受试员工四人为一组讨论美捷步的企业目标。另一半受试员工也是四人为一组，讨论的是一篇关于拉斯维加斯零售销售的报道。我们采集了受试员工讨论前后的血液样本，邀请受试员工进行调查，并采集了受试员工在讨论期间及进行工作相关任务时的神经学数据。

我们通过分析发现，讨论美捷步的企业目标让受试员工的正面情绪相较于基准水平提高了 10%（而讨论零售销售报道的受试员工则降低了

3%），且与工作同事的亲近感上升了 16%（而讨论零售销售报道的受试员工则降低了 7%）。可能最让人吃惊的是，与基准水平相比，讨论企业目标的受试员工心率的增加比讨论报道的受试员工要低 44%。讨论美捷步的超然目标让他们明显更为冷静。我们的研究还发现，在进行客观上可测量的工作任务时，受试员工感觉与工作同事更为亲近时生产效率可以提高 15%。

员工与企业文化的相容性又如何呢？除了神经学数据之外，我们还收集到了包括宜人度和热心程度在内的性格特征。运用这些数据，我们可以分解测量的生产效率有多少要归因于"雇用正确的人"（员工性格），又有多少可以归功于讨论美捷步的企业目标。结果发现，生产率的 55%是因为员工友好、善良，另外 45% 则是因为对企业目标的讨论。

该实验说明，企业文化是一种提高员工敬业度及生产效率的良好方式，至少在美捷步公司是这样。选人用人固然重要，企业文化也不可小觑。企业雇用员工的时候，应当比较候选员工的个人目的和目标与企业的目的和目标。如果两者可以契合，那么候选者很有可能成为一名敬业度高的员工，愿意长久地在该企业工作，还可能因为在高目标企业工作而愿意接受较低的薪水。现实情况确实如此，有一项实验将受研究者随机分配至目标融合度高或低的岗位，结果发现，目标融合度高的生产效率比融合度低的要高 72%。雇用最合适的人，为其提供信任度高的企业文化，再赋予其高目标，可以将员工表现发挥至最佳水平。正如史蒂芬·乔布斯所言："成就大事的唯一途径就是热爱自己在做的事。"

为什么丹麦人在工作当中能感受到那么快乐？为寻求这一问题的答案，哥本哈根幸福研究所（Copenhagen's Happiness Research Institute）调查了 2600 名丹麦员工。企业目标是当之无愧的首要原因，重要性是排名第二的原因（好上级）的两倍。让丹麦人感受快乐的原因还有合理的工作时间（期望）、扁平化的企业结构（放权）、寻求帮助而不是只会发号施令的领导者（自然）、政府制定的终身学习政策（放权），还有每年 5~6 周的休假（关爱）。作为一个曾在丹麦待过的人，我可以很负责任地告诉大家：丹麦人的工作快乐并不仅是嘴上说说，他们确实很快乐。

周一清单

·测量员工在工作当中感受到的快乐程度，以作为企业文化运转状态的初步印象。

·询问那些最快乐的员工是什么让他们感到快乐，创造更多这样的机会。

·运用创始人的故事来构建一篇目标叙事。

·收集员工的目标叙事，并在全公司分享。

·为员工创造实现企业目标的机会。

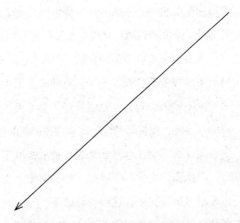

11

CHAPTER

第十一章

信任的文化

企业内部信任文化的建立，对于减少企业内耗，提高生产效率，增强企业竞争力，具有十分重要的意义。

在一次去开会的路上，所见满是蜘蛛网的空荡荡楼道，不难看出，这家美国西部的咨询公司已经从当地的"最佳雇主"之一沦落为了明日黄花。该公司在 2008 年的经济危机当中遭受了很大的打击，但是早在这10 年前，当高瞻远瞩的创始人去世之后，困难就已经开始了。与该公司新任总裁及高管们的会面在三楼举行，我从电梯出来看到的是 20 世纪 80年代的格子间办公室。在走进会议室之前，我路过了一个门上写着"高管厨房"的房间，想看看能不能拿杯茶喝。门上标识的下面贴着一张发卷的纸，上面警告道："仅对高管及其助手开放！"

我在会面前收集到的数据很不乐观。在该公司，信任缺乏，目标含混，对员工的投资不存在。前一任总裁减少了生产线，削减了预算，收购了另一家不错的公司，但是增长仍不温不火。新任总裁是一位富有改革精神的领导者，我将帮助他的团队构建崭新的企业文化。

对于大多数工作场所来说，抽取血液样本和测量大脑活动都不太可行，因此我开发了一项调查，既可以测量"OXYTOCIN"8 种因素，也可以衡量目标及快乐。这项调查就是"OFactor"调查。本书第一章曾邀请各位读者在自己的组织或企业开展这项调查。许多组织或企业以这项调查的结果为基础，进行管理实验来改善业务表现。领导者们通过改变企业文化来试图改善的结果既有主观上的工作精力、生产效率，也有客观上的盈利水平、员工请假天数以及留职率。

"OFactor"调查的设计运用了本书所介绍的"OXYTOCIN"8 种因素。该调查对信任的神经生理学因素的预测能力已经得到了我的实验室以及两家营利性企业的研究验证。这两家企业组织员工完成了该调查，并允许我们采集员工工作时的神经学数据（包括血液当中催产素的含量、心电图和皮肤电反应）。通过这些现场实验，我们还可以运用激励式和限时性任务来客观测量生产效率和创造性解决问题的能力，并将客观结果与自评结果相关联。

在确定该调查的结果真实有效之后，我的团队将之提供给了各组织及企业，以帮助他们定量分析并改善自己的企业文化。我曾受邀请帮助许多公司及非营利性组织改善它们的企业文化，它们来自美洲、欧洲以及亚洲，涵盖各行各业。在本章当中，我将分享从接受该调查的公司里大约5000名员工的综合数据，以及全美参加该调查的成年上班族代表性样本。其中代表性样本是为了消除在接受我帮助的企业所收集的数据的偏差。读者会发现，全国范围内的调查结果与根据"OFactor"调查开展管理试验的公司的结果虽然并不完全一致，但也极为接近。本章的结尾是本书的最后一份周一清单。

首先要确立的是衡量基准。"OFactor"调查中"OXYTOCIN"8种因素及组织或企业信任程度（OFactor）的得分都在0~100之间。没有任何一家公司在任何一个因素上取得了满分，因此一味地追求满分是不合实际的。根据全国调查的结果，组织或企业的信任程度得分位于前20%的属于信任程度较高，而位于前10%的则是信任程度极高。

在所有接受该调查的公司当中，有一家公司的信任程度最高。该公司运转极为良好，利润也非常可观。该公司有1000余名员工参加了该调查，平均信任得分为88.05。该公司"OXYTOCIN"8种因素中得分最低的是"开放"84.11，得分最高的是"自然"92.32。这些得分都接近最高水平。

"OXYTOCIN"8种因素与总体信任得分呈线性相关，所以其中某些因素的得分低会拉低总体信任的得分。换言之，信任程度高的企业文化在8种因素当中的得分都很高，或大都很高。根据调查结果，企业的领导者可以发现应当着手提升哪些因素并相应地开展管理试验。与生物学及经济学的大多数效应类似，当某个因素接近最大值的时候，对总体表现的影响就会减弱。因此，大多数公司首先开展的管理试验都是针对得分最低的因素。这是非常明智的做法，我也建议各位在自己的组织或企业当中效仿。

管理试验最终要看如何落实，而不仅仅是停留在测量上。本章就将"OFactor"调查的得分与各种衡量工作表现的方法相结合，以说明采取干预措施的重要性。

营利性企业

在对接受"OFactor"调查的公司的所得数据进行综合的时候，我们发现了几个有趣的现象。这些公司的平均得分为73.17，处于较低水平，说明它们都需要对自己的企业文化做出改进。标准偏差（离差的量度）为14.03，说明有些公司或部门的文化较好，但也有些公司或部门的企业文化亟待提高。调查得分在59或之下的属于亟待提高的企业文化。从受试员工来看，他们对自己所在公司的信任程度评分在11~100之间。

"OXYTOCIN"8种因素的得分也有着非常显著的差异。第八章当中曾提到，我所共事的公司当中"投资"是得分最低的因素。得到的数据也印证了我的经验判断，"投资"因素的得分在8个因素当中最低，平均为62.54。第二低的因素是"期望"，平均为64.46。8个因素中得分最高的是"自然"，平均为82.42。因为企业的领导者主动寻求我帮助他们改善企业文化，因此"自然"因素的得分可能会向上偏倚。我的意思是，自然的领导者比普通领导者更倾向于运用"OFactor"调查来改善自己的企业文化。而在全国调查当中，"自然"因素的平均得分为70.33，说明愿意运用"OFactor"调查的领导者在"自然"方面做得更好。"OXYTOCIN"8种因素当中的标准偏差也很高，超过18。这就意味着有些公司在企业文化当中的某些方面做得非常出色，而许多其他公司在维持8种因素全部出色当中陷入了挣扎。

通过这一数据集合，我们可以探寻信任文化如何影响员工的敬业度。我们首先验证的是慢性压力。信任与慢性压力呈近乎完全的负相关，相关度为-0.93。这就印证了我们的实验室发现，即慢性压力是信任的破坏者，同样反过来说，信任文化也可以减轻慢性压力。为了探究背后的原因，我们对比了信任程度在前25%（平均得分为90.94）和后25%（平均得分为51.98）的企业。前者员工的慢性压力要比后者少74%，快乐则高36%，与企业目标的契合度高出28%。这些发现就可以向我们展示为什么信任文化可以为员工带来激励。

之前曾介绍，为了验证邀请我担任顾问的公司当中的调查发现，我的团队开展了一项全国代表性的"OFactor"调查。该全国调查由调研公司Qualtrics于2016年2月进行，共收集到1095份全职及兼职员工的样本。数据的收集符合人口统计数据、人口密度数据以及职务类型。受调查对象还回答了关于自己家庭、健康以及幸福状况的问题。本部分关注的是从事于营利性企业的869名受试者。

"OXYTOCIN"8种因素都与企业信任程度存在密切的统计学正相关。从整体上来看，企业信任程度的平均得分为70.24，比主动接受"OFactor"调查以定量分析自己企业文化的公司们稍低。"OXYTOCIN"8种因素当中，得分最高的是"期望"，为72.57，得分最低的是"喝彩"，为66.71。与主动接受调查的公司相似，全国调查当中的"投资"因素得分也很低，为70.63。从这些数据看，大多数美国企业都可以通过更多的喝彩和对员工的投资项目来改善自己的企业文化。虽然每家公司的具体情况并不一样，但是这两个因素值得特别关注。

　　与主动接受调查的公司相似，全国调查的结果当中企业信任度的离差也很高。根据该结果，有 47% 的美国员工在低于信任度平均水平的企业工作，有的企业甚至低至 15。有 17% 的员工所在的企业信任程度非常高，得分在 89 或之上。这倒是个不错的发现。信任度非常高的企业规模往往偏小，平均拥有 222 名员工，而全样本平均水平为 333 名员工。这些企业大多位于美国南部（从得克萨斯州至佛罗里达州），而且专业技术类员工占比较高。

　　在全国调查与主动接受调查的公司当中，信任对员工激励的作用类似。信任程度在前 25% 的企业（得分在 85 至 100 间）与后 25% 的（得分在 15 至 85 间）相比，员工的生产效率要高 50%，工作精力高 106%，敬业度高 76%，愿意下一年继续留在公司的比例高 50%，而且 80% 的员工愿意将自己的企业推荐给家人或朋友。从整体上来看，高信任度企业的员工对工作的满意度要高 56%。

　　此外，高信任度企业员工的快乐程度要高 60%，自己与企业目标的契合度高出 70%，与同事间的亲密感高出 66%。高信任度的企业文化还能改善人与人之间的相处方式。高信任度的企业当中，员工对他人的同理心要高 11%，人性化对待高 41%，精疲力竭少 40%。信任还可以提高员工的成就感：高信任度企业的员工的个人成就感要比低信任度企业员工高 41%。

　　我们通过分析还发现，绩效表现的提升使得高信任度公司可以为员工提供更高的薪水。信任程度在前 25% 的企业与后 25% 的相比，员工的平均年薪高出 6450 美元，即 17%。在竞争激烈的劳动力市场中，高信任度公司能为员工支付更高薪水只可能有一个原因，那就是它们的盈利水平更高。这就为信任可以直接拉动盈利提供了强有力的证据。

　　这两项针对营利性行业的调查都说明了企业文化的重要性，它不仅可以改善员工们的工作与生活，还能提高企业的净收益。

非营利性行业

信任对于非营利性行业是否也重要？非营利性组织都是积极性高的员工或者是志愿者，因此与可以通过薪酬来缓解不信任的营利性企业相比，正常人都会认为营利性组织的组织文化应当更为重要。但是就我个人经验而谈，真正给予组织文化足够重视的非营利性组织少之又少。非营利性组织还面临着另一个难题，那就是衡量成功的指标比营利性企业更为模糊：成功是指服务对象的多少吗？或者是获得的政府资助？还是民众的捐助？以上可能都是，也可能都不是。

我曾帮助来自美国、加拿大、欧洲以及亚洲的 29 家非营利组织理解并改善各自的组织文化。在此期间，他们邀请自己的员工接受了"OFactor"调查。共收集到 278 份员工及志愿者数据。各组织的得分在 49 至 95 之间。有一位受试者给所在组织打的分最低，为 11。总体来看，平均分是68.79。得分最低的因素是"投资"，为 58.35。这就和这些非营利组织的高管们告诉我的一致：他们在员工培训与能力拓展上投入很少。"关爱"与"期望"两个因素的得分也较低。

数据显示，信任文化可以影响志愿者以及员工的表现。与营利性企业的情况类似，信任可以减少慢性压力，两者呈近乎完全的负相关（-0.96）。同样地，信任文化也可以提升非营利性组织员工的敬业度。将信任程度在前 25% 的组织（平均分为 92.03）与后 25% 的组织（平均分为 40.41）相比较，前者受试对象比后者的工作精力高出 109%，敬业度高 64%，生产效率高 24%，快乐程度高 39%，因病请假天数少 17%，慢性压力低 86%。

在全美"OFactor"调查当中，共有 122 名受试者来自非营利性行业，他们给出的平均分是 72.71，比在我的帮助下进行调查的非营利性组织和全国范围内的营利性企业都高。有意思的是，非营利行业的偏差比营利性企业要低 19%，说明大多数非营利性组织都有着不错的组织文化。在全美调查当中，得分最高的因素是"放权"，为 75.36，最低的因素与营利性企业一样是"喝彩"，得分为 68.82。"投资"处于中等水平，得分为 74.0。"喝彩"这一项的得分如此低出乎我们的意料，因为对员工的认可几乎没有任何成本。与营利性企业的数据类似，信任文化与非营利性组织主要关注的结果呈现出非常强的关联性，包括更多的快乐，个人目标与组织目标更高的契合度。实际上，从数据来看，非营利性行业的员工比营利性行业能多感受到 5% 的快乐和 10% 的目标感。信任同样可以提高员工的工作精力、生产效率、留职率以及敬业度。

该分析表明，非营利行业的组织文化整体上比营利性行业要好一些，而且自我管理在社会部门组织的信任建立过程当中扮演着非常重要的角色。数据说明，非营利性组织的文化的一大优势在于高信任度与高目标。正如神经科学研究所预测，这一优势可以让非营利性组织的员工感受到更多的快乐。这点非常有趣，要知道非营利性行业的受试者平均年薪（36950 美元）要比营利性行业（41900 美元）低 12%。非营利行业的员工似乎在既信任他们又有超然目标的企业文化里宁愿少挣点钱。想要提高员工敬业度的营利性企业不妨参考非营利性组织都是怎么做到的。

政府部门

在全美"OFactor"调查当中，共有 105 名受试者来自地方、州或联邦政府部门。虽然样本容量很小，推断不够准确，但是完全在情理之中。营利性企业的信任程度低于非营利性组织，政府部门则是更低的 67.43。政府部门"OXYTOCIN"8 种因素的平均得分都低于营利性企业，最低的是"喝彩"（63.14），然后是"关爱"（67.29）和"投资"（67.43）。

政府部门的唯一亮点是"目标"得分比营利性企业高，为 76.29，但还是低于非营利性组织。在三种行业里，政府部门员工的"快乐"得分最低，平均为 75.43。

与员工对政府部门文化评价偏低一致，各项表现指标也都低于营利性企业。统计学上的显著差异并不存在，因为来自政府部门的样本太少，也因为趋势很明显。数据说明，政府部门的文化存在特有问题。分析预测，政府部门可以通过改善自己的部门文化来提升表现。

针对营利性企业的神经生理学实验

第十章当中曾提到我们在美捷步进行的现场实验，该实验不仅解释了信任对工作表现的影响，也印证了"OFactor"调查的结果。我们在实验当中发现，与同事一起工作会带来压力，但是好的企业文化可以有效地缓解压力。美捷步的受试员工当中，讨论企业文化的受试组比讨论零售销售的对照组在与他人共事时心率上升了 50%。血液当中促肾上腺皮质激素的测量结果也证实了这一发现，讨论企业文化的受试员工的促肾上腺皮质激素水平下降了 9%，而且催产素水平上升了 18%。与该组员工的神经生理学数据变化相对应的是，与讨论零售销售的对照组相比，他们的幸福感高出 10%，与同事间的亲密感则高出 16%。那么，讨论企业文化的受试员工的"OFactor"调查得分是多少呢？高达 78。讨论企业文化可以拉近员工彼此间的距离，并且有效缓解压力。

在美捷步实验当中，我们还设计了一项工作任务用于客观测量员工的生产效率，结果发现讨论企业文化的受试员工的生产效率更高。心情的改善和亲密感的增加与高生产效率之间具有统计关联性。正面情绪位于前 25% 的受试员工比后 25% 的受试员工生产效率高出 29%。与之相似的是，与同事间亲密感位于前 25% 的受试员工比后 25% 的受试员工生产效率足足高出 49%。

为了进一步理解为什么美捷步的企业文化有着如此神奇的效果，我们邀请没有参加试验的 1000 名美捷步员工接受"OFactor"调查。"OXYTOCIN"8 种因素的得分都很高，超过 84，尤其是"信任"更是将近 86。74% 的受调查对象认为美捷步的企业文化不需要任何改变。美捷步的企业文化最为独特的一点是，几乎所有受调查对象在工作当中或之外都和同事们交往。在该调查中，和同事交往最多的受调查对象与交往最少的相比，完成任务后的心血管应力是后者的三分之一。美捷步有游戏室、吊床房等地方供员工休息以及与同事放松闲聊。正如之前的章节所说，这些并不是浪费时间，而是给员工的大脑充电，让他们与同事建立社交关系的有效方式。

神经生理学数据可以向我们揭示为什么企业文化可以影响员工的敬业度、健康以及幸福感。举例来说，美捷步员工当中快乐程度最高的前 25% 在前一年因病请假的天数平均才 3 天，而整个公司的平均水平是 7 天。信任文化可以影响员工的心情、生产效率以及幸福感，从而直接影响企业的净收益。

我的团队从美国一家消费服务公司也收集到了 112 名员工的神经生理学数据和"OFactor"调查结果。与在美捷步的实验不同，我们没有通过让受试者讨论该公司的企业目标来强调企业文化，而是在员工工作时利用无线传感器和抽血来收集他们的神经生理学数据。这种方式的目的在于发现各部门文化的潜在影响，及其与所测得的员工敬业度之间的关系。

该公司整体的信任得分偏低，为 64.17。与美捷步一样，我们发现该公司感受到信任程度较高的员工，能显著感受到更多的快乐，个人与企业目标的契合度更高，工作精力更加旺盛，生产效率也更高。信任也增进了同事间的亲密感，明显降低慢性压力。该公司信任程度在前 25% 的员工比后 25% 的生产效率高出 21%。

我们收集到的生理数据可以更好地解释。总体上来看，在四人小组工作结束后，受试员工的催产素水平上升了 9%，而应激激素则下降了 3%。信任程度在前 25% 与后 25% 之间的差距令人瞩目，前者的催产素上升水平比后者足足高出 228%。前者还能更快地从工作压力中恢复，心率下降速度比后者快 155%，促肾上腺皮质激素下降速度比后者快 221%。这就再一次向我们证明，企业文化可以影响我们的生理，从而影响我们的社交行为和生产效率。

第十章当中曾提到，企业文化的设计不应以让员工快乐为目的。我们通过实验来探讨工作与快乐之间的关系。在实验当中，受试者需要完成三分钟的认知测试，并且事先告知他们只有准确率达到一定水平才能拿到报酬。实验发现，任务完成得越好，受试者越为快乐（相关性为 0.25）。即使将受试者的基准快乐水平考虑在内，该结论依然成立。要想让员工在工作当中感到快乐，就要让他们完成挑战性的工作，而不是仅仅雇用快乐的人。实验当中还发现，当受试者在工作时获得更多的正面情绪时，他们与同事间的亲密感也会增加。这两者的效果让他们在下一项任务当中投入更多的努力，并获取更多的快乐。我们还发现，在工作结束后，受试者与同事间的亲密感增加和促肾上腺皮质激素的减少存在线性关系。与同事更为亲密的员工能够更快地从工作压力中走出来。这些试验结果说明，信任文化对员工的积极性有着重大影响，可以给员工带来更多工作当中的快乐。

创新

我们为美国中西部一家制造企业设计了一项研究，以探讨企业文化对创新能力的影响。我们邀请每四人为一组的员工解决一项不常见的问题：用 17 份零件组装一个削苹果机。这个设备很不常见，但也不是很难完成。我们为受试者提供成品的图片，然后给他们 3 分钟的时间尽可能多地将零件组装起来。从每个小组组装的零件数量，我们可以量化分析他们创新性解决问题的能力。

研究结果显示，企业文化对创新能力有着间接影响。信任度高的员工与同事间的亲密度也更高。与同事间亲密感在前 25% 的受试者比后 25% 组装起来的零件数量多出 13.10%，在寻求解决方案的过程中获得的快乐也比后者多 10%。这一因果关系印证了其他实验当中的神经生物学结果：信任度高的企业文化可以促进同事间的亲密感，当同事间的亲密感上升后，他们之间的协作更为有效。普华永道国际会计师事务所的一项研究也表明：人际间信任更高的公司，其创新能力也更强。信任和快乐甚至还可以预测员工在未来一年当中的创造力，说明企业文化具有持续效果。

全面发展

在美国，每年慢性工作压力导致的死亡人数至少是 12 万人。与压力相关的疾病及死亡造成的损失估计每年高达 1900 亿美元。与工作生活结合不错的员工相比，因为工作压力过大而不能履行家庭职责的员工患病的概率足足高出 90%。死亡率风险的最大影响因素是"对工作的控制感低"——换言之，信任度低。员工的生理和心理健康受损，生产效率自然会下降，而且更倾向于寻找另外的工作。

为了验证信任度高、目标感强的企业文化是否能改善员工工作之外的生活，我们邀请受试者回答了一系列个人生活问题。在美国中西部那家制造企业的研究当中，我们发现，信任程度位于前25%的受试者比后25%对自己工作之外的生活总体满意度高出12%。接下来我们需要搞清楚的是为什么。

我们在研究当中发现，信任可以有效降低慢性压力的一系列指标。信任程度位于前25%的受试者与后25%的相比，应激激素水平低8.3%，呼吸频率低2.8%，工作结束后心率恢复到基准水平快9.3%。员工全面发展的另一个指标是，信任程度位于前25%的受试者平均体重（169.3磅，即76.8公斤）比后25%（185.1磅，即84.0公斤）轻8.6%，而且更为健康，因病请假天数比后者少40%。该研究为工作当中的信任可以带来家庭生活的健康与幸福提供了依据。

虽然这些数据很有说服力，但是样本来源于同一家公司，因此是否可以推广到所有组织或企业仍有待商榷。在全美代表性信任调查当中，我们加入了生活满意度的衡量指标，以验证以上数据是否具有普适性。结果是具有。将信任程度在前25%与后25%的受试者进行比较，前者的健康状况比后者高出13%，在工作当中筋疲力尽的概率低40%，对他人的包容性高41%，工作精力高42%，奉献精神高55%。这些数据表明，信任可以提升员工在工作当中的个人成就感，并改善人际行为。

我们在研究当中还发现，在高信任度文化当中工作可以提高员工29%的总体生活满意度。这可能要归功于两方面原因。一方面，在信任度高的组织或企业工作的员工，对他人的同理心比信任度低的组织或企业工作的员工的高出11%，因此可以和身边人建立稳固的情感联系。另一方面，这些员工与企业文化产生了共鸣。我们设置这一精神层面问题在于检验信任当中的"投资"是否能为员工提供追求生命意义的机会。

数据证实了这一点。企业文化可以渗入到员工个人生活的方方面面。要想在生活当中隔绝企业文化的影响几乎是不可能的。

信任的回报

高信任度的企业文化的好处包括生产效率的提高、员工离职率的降低、慢性压力降低以及其带来的员工因病请假天数的减少。因为员工生病造成的损失占劳动力生产力总损失的18%至60%，因此企业文化对其盈利能力具有显著影响。

运用在全美代表性信任调查当中获取的数据，我们计算了改善企业文化的投资回报率。通过一系列的干预措施将企业的信任程度排名上升25%，可以提高员工生产率25%，提高员工留职率27%，因病请假天数减少2天。受试者的平均年薪是40550美元，假设员工的生产效率占其收入的2/3的话，企业文化的改善可以提升企业的生产价值6762美元。留职率的增加意味着可以节省招聘和培训费用，尽管该费用因工作种类不同而存在显著差异，但是估计相当于专业工人一年的薪酬。美国的员工离职率平均每年为15.1%。假设该企业之前的离职率为平均水平的话，企业文化的信任程度上升25%可以将离职率降至11%。根据受试员工的平均年薪计算，这可以节省1653美元。最后，让我们来估算一下员工因病请假天数的减少而节约的成本。据估计，美国每年因为员工生病损失5760亿美元。这一数字如此巨大是因为员工生病会降低生产效率（39%），增加临时工成本和员工补偿金（20%），并带来医疗花费（40%）。2015年，美国花费在员工身上的医疗保险费用平均为17545美元/人。如果员工的健康状况好转，这笔花费想必可以减少。生产效率的降低以及临时工成本和员工补偿金的增加可以通过计算得出。总而言之，医疗花费可以减少 1770 美元 / 人。将生产效率和留职率的提高以及因病请假天数的减少所各自节约的成本相加，即为企业信任程度上升 25% 的回报：10185 美元 / 人 / 年。

举例来说，如果一家企业有 500 名员工，那么信任程度上升 25% 可以每年提高 509 万美元的收入。假设企业文化改变可以持续 10 年，那么通过对企业文化进行投资获得的额外现金流则是 2650 万美元。按照最低预期回报率为每年 12% 计算，这家企业应当乐于花费少于 850 万美元来改善自己的企业文化。企业文化的回报这么高，领导者应当有充分的理由来进行增强信任的管理试验。

其他研究团队也证实了我们的发现。海氏管理咨询有限公司（Hay Group）的一份报告显示，与怠工的员工相比，敬业的员工客户满意度高出 89%，为收入增长率的贡献高出 4 倍。另一项研究发现，员工敬业程度高于平均水平的企业，客户忠诚度比一般企业高出 50%，利润高出 27%。

宾夕法尼亚大学沃顿商学院的亚历克斯·艾德蒙斯（Alex Edmans）也在研究中发现，企业文化更好的公司收入更高。他发现，《福布斯》评选出的"世界最佳雇主"前 100 名在 1984 至 2005 年期间的股市收益率比同行高出 73.5%。企业文化更好的公司生产效率更高，因此其盈利能力让同行相形见绌，股票估价自然要高出许多。

文化改变的影响

本章开头提到的那家楼里满是蜘蛛网的咨询公司后来决定制定一个计划来转变文化，为员工赋能以及重振增长。在我着手工作之前，一位高管告诉我他觉得"这些关于感情的东西都是胡说八道"。这个时候就需要自愿合作的科学之道和支撑数据来说话。我用了两天的时间，仔细检查了该公司的"OFactor"调查数据，列举了那些成功建立起高信任度文化的企业例子，以激发领导团队的想法。然后的问题自然是从何开始。

必须立即做出改变，以释放积极的改进正在落实的信号。我提到了在高管厨房门口挂着的"仅对高管及其助手开放！"的纸条，并指出这张纸条与团队协作的精神格格不入。公司总裁说道："我来这儿已经一年了，每天都看这张纸条不顺眼。"我答道："比尔，你是这里的总裁。把那张纸撕下来吧。"比尔大踏步走出房间，不一会儿就拿着那张纸回来了，然后当着众人的面把它撕成了碎片抛向空中，整个房间被欢呼声淹没了。

第二天结束前，我帮该公司的领导团队阐明了他们的目标，并指出应当针对哪些方面做管理实验。两个月后，比尔召开了一次全员大会，向大家解释了公司正在做出哪些转变，以及这些转变如何惠及每个人。格子间办公室逐步被开放式办公室取代，培训项目和研讨会得到恢复，而且公司的战略计划开始对所有人公开。首席学习官对领导团队进行培训，指导他们成为教练型主管，并教给他们如何设立清晰的期望。还增加了每天的碰头会，以确保每天都朝着目标前进。最为彻底的一项改革是将年终总结改为前瞻性的"全人评估"。员工和管理团队都很高兴，领导团队都对文化改变表示欢迎。不过有一个人例外，那就是刚开始对我冷嘲热讽的那位高管。当转变开始起作用的时候，公司总裁很委婉地告诉他应当考虑换份工作了。

这家公司的管理实验进行一年之后的效果怎样？让我们用数据来说话。刚开始的时候我们收集了员工的基准数据。领导团队采取的管理试验需要时间来落实，所以严格来说，一年后收集到的数据其实反映的是转变完成六个月后的情况。完成前后两项"OFactor"调查的受试员工共有 1841 名。管理试验之前，调查结果当中的信任度得分为 74.68，一年之后的得分上升到了 78.98。"OXYTOCIN" 8 种因素均有所提升，上升幅度从 3.3% 到 9.1%。提升最高的是"期望"（9.1%）和"投资"（7.1%），两者的基准水平都较低。"目标"提高了 7%，"快乐"提高了 7.3%，工作当中的担忧则下降了 14%。企业文化的改善起到了喜人的效果：受试员工的工作精力提升了 11.1%，自我报告的工作效率提升了 4.3%，敬业程度提升了将近 8%。一年的时间里，调查结果各项数据都有统计意义上的提高。

信任的三重功效

企业文化非常重要。信任度高、目标感强的企业文化可以与人类的社会天性产生共鸣，带来高敬业度、快乐以及高效益。这本书通篇展示了构建高信任度企业文化的三重功效：惠及员工，利于企业，造福社会。希望读者们对企业文化的重要性有了一份清醒的认识，把它当作重要的战略资产来对待。和其他资产一样，企业文化也需要监控和管理。如果不多在企业文化上费心，后果会更让人费心。

神经管理学为我们提供了一个框架，让我们可以理解，为什么主动性强的员工总是能准时上班，为实现组织或企业目标投入精力，甚至凌晨 3 点还会发工作邮件。在董事会会议室、车间和零售店里都有神经科学的影子。当组织或企业充分发挥人性化的企业文化时，员工才会被当作活生生的人来看待，而不是冷冰冰的人力资源。神经学虽然不像火箭科学那么高深，但也是实实在在的科学，而且还是宝贵的生意学。

周一清单

·利用收集到的"OFactor"调查数据，找到得分最低的因素。

·找出并测量得分最低的因素可能影响的业务结果。

·设计一项管理试验来改善得分最低的因素，并定下期限。

·将改进措施告诉员工，并解释为什么采取这样的措施。

·管理试验期限过后，再次收集"OFactor"调查数据，比较之前得分最低的因素及受其影响的业务结果。

·针对其他因素继续寻求改进。

谨以此书献给玛丽·贝丝·麦克尤恩（Mary Beth McEuen）。是你让我领略到信任对于组织和企业有多么重要。感谢你对我的信任和友谊。